I0032409

Mémoires Scientifi

Service de l'Agriculture du Ministère des Colo

Tome I — Fascicule I

L'APPAREIL LATICIFÈRE
DES CAOUTCHOUTIERS

BRUXELLES

190

L'APPAREIL LATICIFÈRE
DES CAOUTCHOUTIERS

4 S
2790

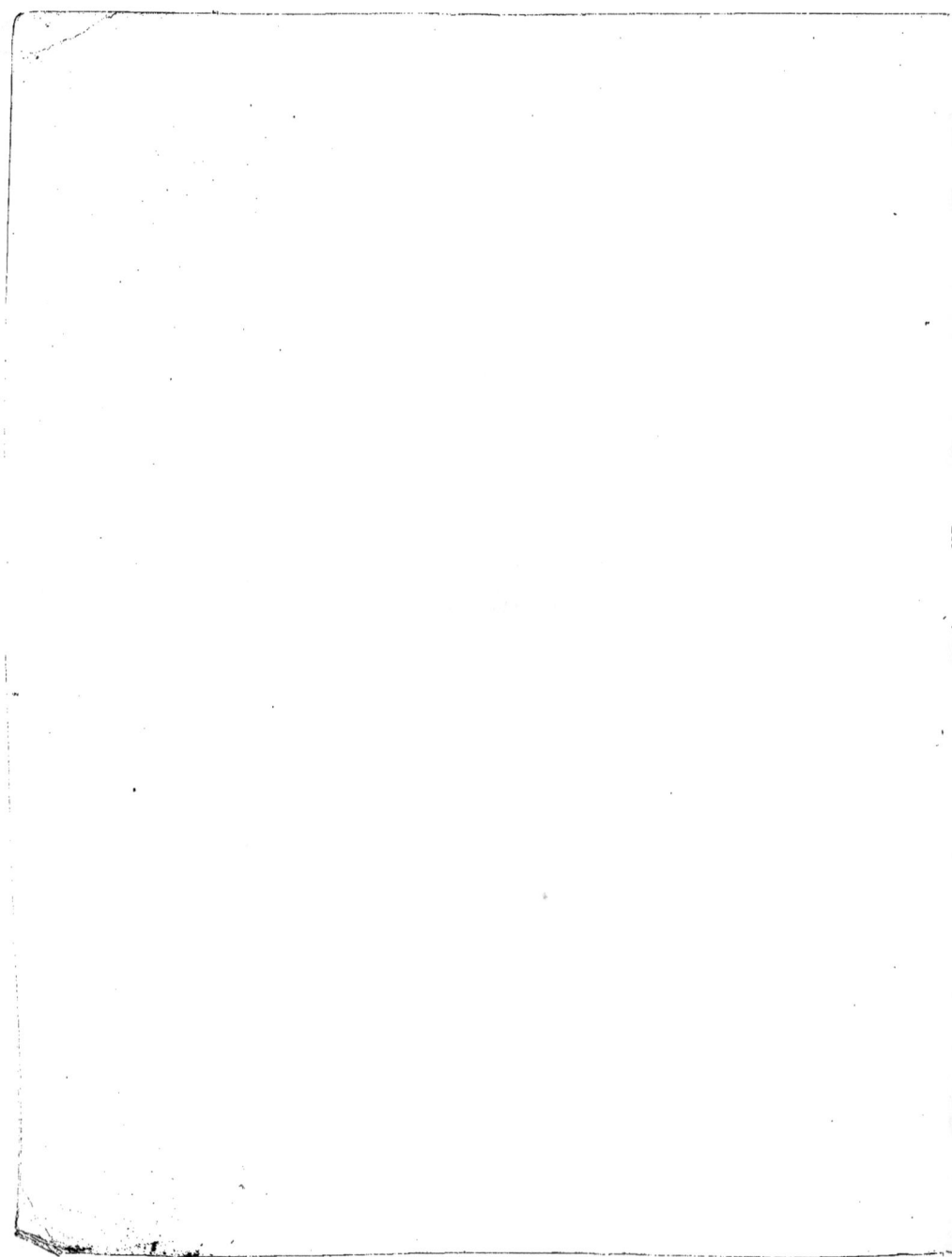

Dᴿ Alph. MEUNIER
Professeur à l'Université de Louvain

L'APPAREIL LATICIFERE

DES CAOUTCHOUTIERS

BRUXELLES
IMPRIMERIE INDUSTRIELLE & FINANCIÈRE (Société Anonyme)
4, RUE DE BERLAIMONT, 4

1912

L'Appareil laticifère

des Caoutchoutiers

PAR LE Dr ALPH. MEUNIER

PROFESSEUR A L'UNIVERSITÉ DE LOUVAIN

R.F.

OBJET DE L'ÉTUDE

L'importance économique, toujours grandissante, des plantes caoutchoutifères entretient l'intérêt qui s'attache à ces précieux végétaux.

Le discernement des bonnes espèces et variétés, la détermination de leurs exigences écologiques, la recherche des meilleures pratiques culturales et des procédés d'exploitation les mieux appropriés à chaque essence, sont autant de questions que soulève la sauvegarde de très graves intérêts, lorsqu'il s'agit de faire sortir ces plantes de leur aire naturelle d'habitation pour les appeler à faire valoir des régions nouvellement ouvertes à l'essor de l'activité humaine.

Autant et plus qu'ailleurs peut-être, ces questions sont à l'ordre du jour au Ministère des Colonies, où l'on sent le besoin de se dégager au plus tôt des tâtonnements du début, de parer à des mécomptes déjà subis et de s'entourer de toutes les garanties de succès pour l'avenir.

Sans être de toute première importance, la structure anatomique des plantes caoutchoutifères mérite aussi de fixer l'attention.

Ce n'est pas qu'il faille en attendre la révélation de ressources que l'expérience n'aurait pas déjà mises en évidence; mais il paraît naturel d'en espérer des renseignements d'un ordre intime, très propres à éclairer la technique de l'exploitation rationnelle de ces richesses végétales. Tout au moins, il semble désirable que la connaissance scientifique de la distribution de l'appareil laticifère dans la plante, soit à la base de tout jugement porté par ceux qui en ont la mission, sur la convenance des procédés opératoires d'exploitation.

Autant les caractères morphologiques des caoutchoutiers ont été comparés et discutés, autant on s'est désintéressé de leur structure anatomique intime. La littérature scientifique sur cet objet est en effet très sobre.

Sans doute, on n'est pas sans documentation sur les modalités multiples de l'appareil sécréteur des végétaux les plus divers, mais il ne paraît pas qu'on ait comparé d'assez près les plantes caoutchoutifères, pour mettre en relief les différences qu'elles présentent à ce point de vue spécial.

C'est à ce programme déterminé que nous voulons consacrer les notes que nous résumons ici, comme résultat des recherches que nous avons entreprises sur des matériaux gracieusement fournis par les Services agricoles de la Colonie. Ces matériaux, originaires pour la plupart du Jardin Botanique d'Eala, consistent en troncs d'essences arborescentes et en fragments de lianes adultes. Le Jardin Colonial de Laeken nous a fourni en outre quelques spécimens de jeunes plants.

Laissant de côté ce qui ne présenterait ici qu'un intérêt secondaire, comme la genèse des organes sécréteurs, les phénomènes physiologiques de la fonction sécrétoire, la nature variée des sécrétions et le rôle biologique de celles-ci, nous nous attacherons surtout à retracer les traits saillants de l'appareil laticifère dans les organes utilisables des caoutchoutiers parvenus à l'âge d'exploitation. S'il nous est arrivé de nous adresser aussi à des organes plus jeunes, tiges et racines, quand nous en avons eu la disposition, c'est pour y chercher, sous des aspects plus détaillés, l'explication de particularités, que le développement de ces organes dissimule parfois dans la trame plus compliquée des tissus hétérogènes.

Nos recherches se sont limitées à ceux des caoutchoutiers que l'expérience déjà acquise désigne plus spécialement pour la culture industrielle dans la Colonie; ce sont :

I des **Asclépiadacées,** genres *Periploca* et *Cryptostegia*

II des **Apocynacées,** genres *Clitandra, Landolphia* et *Funtumia*

III des **Euphorbiacées,** genres *Hevea* et *Manihot*

IV des **Urticacées,** genres *Ficus* et *Castilloa*

On n'ignore pas que la structure de l'appareil laticifère, non moins que celle des autres appareils, reste assez constante dans les divers représentants d'un même groupe naturel de végétaux. Cette similitude de structure histologique garantit la légitimité de leur filiation présumée d'ailleurs. Elle témoigne, en effet, d'une harmonie originelle entre les caractères internes et externes d'un même type familial.

Cette observation dispense de multiplier les objets d'étude ou, tout au moins, de s'attarder à la description des objets similaires, s'il n'y a pas lieu d'y relever des caractères d'ordre secondaire, qui peuvent avoir une certaine influence sur les procédés techniques d'exploitation.

MÉTHODE SUIVIE

La structure de l'appareil laticifère est évidemment du ressort de la microscopie. Seule l'étude comparée de coupes minces, judicieusement pratiquées et traitées, peut permettre de saisir la trame compliquée des éléments spécifiques, au sein des tissus variés auxquels d'autres rôles sont dévolus.

En l'occurrence, la dissection de matériaux frais donnerait peu de résultats, car la nature assez fluide du latex ne permettrait pas de le surprendre en place et encore moins de l'y maintenir, à travers toute la série des manipulations auxquelles il convient de soumettre les coupes. D'autre part, le discernement des tubes vidés manquerait de l'évidence nécessaire pour en suivre le trajet et les rapports de position avec les tissus voisins.

Il faut opérer sur des objets dans lesquels on a assuré préalablement la coagulation du latex.

La dessiccation naturelle donne ce résultat ; mais la contraction des tissus qui en résulte leur enlève certains de leurs caractères, rend moins commode le débit des matériaux devenus friables et complique le traitement ultérieur des coupes. C'est cependant sur des matériaux semblables que nous avons dû opérer, quand les conditions de transport n'ont pû les conserver dans un état de fraîcheur relative ou, ce qui est plus regrettable, les soustraire à l'attaque des champignons saprophytes.

Le formol fixe très bien le latex dans ce qu'il a de coagulable. C'est dans une solution de ce produit que nous avons conservé certaines parties des matériaux qui nous sont parvenus frais, en vue d'en garder la disponibilité pendant la durée de nos recherches. Ces objets se sont prêtés très bien à l'étude. Sans doute la composition du latex n'y est pas intégralement conservée ; mais ce qui en reste, c'est précisément la partie utile, c'est-à-dire le caoutchouc, ou aussi des substances résineuses concrètes, dont l'observation directe est moins sujette à erreur que celle des tubes dans lesquels ces matières sont figées.

Comme on le sait, la connaissance de la structure anatomique de l'organe axile, tige et racine, des végétaux supérieurs, ne résulte bien que de la comparaison de coupes rigoureusement orientées suivant trois directions déterminées : transversale, radiale et tangentielle.

Chacune d'elles apporte des éléments d'analyse, que l'imagination peut coordonner pour en reconstituer la synthèse.

Il ne faut pas chercher à atteindre, dans la confection de ces coupes, les limites de minceur réalisables ; ce serait au détriment de leur valeur interprétative. Il vaut mieux ménager les rapports directs des tissus variés, dans la mesure où l'on peut communiquer à ceux-ci la transparence nécessaire pour en permettre l'observation distincte.

D'autre part, il importe de pratiquer les coupes dans l'eau, en tenant la lame du rasoir abondamment mouillée, pour empêcher l'adhérence du caoutchouc à la lame et son entraînement mécanique, en dehors de sa position naturelle.

Les coupes, ainsi obtenues, doivent être traitées en vue d'en éliminer tout ce qui n'est pas l'objet principal de la recherche et de les rendre, par le fait, aussi explicites que possible par rapport à cet objet.

Dans ce but, nous employons d'abord l'hypochlorite de potassium en solution concentrée. L'action prolongée de ce réactif, très puissant quand il est bien préparé, assure la destruction des matières protoplasmiques, des réserves amylacées, des tanins, des matières colorantes, etc., toutes choses dont la présence ne pourrait que contrarier l'observation.

Quand ce résultat est obtenu, nous mettons fin à la réaction, en faisant intervenir l'acide nitrique qui solubilise les produits de décomposition et en facilite l'élimination par un copieux lavage à l'eau.

Le caoutchouc coagulé résiste à ces manipulations. Il n'y a plus qu'à le colorer pour en rendre l'observation plus distincte.

Les colorants ne manquent pas; on peut les varier. Mais, comme il s'agit ici, non pas de faire l'étude microchimique du latex, mais simplement d'en rechercher la localisation, cette coloration n'est qu'accessoire; on pourrait même s'en passer. Cependant, nous nous sommes bien trouvé de le teinter au moyen de l'un de ces dérivés d'aniline que l'on préconise pour relever la couleur du beurre : Buttergelb, nᵘ 1532, de la maison Wilhelm Brauns. Très soluble dans l'alcool, ce colorant se fixe fort bien et rapidement sur le caoutchouc, particulièrement en milieu un peu acide, et lui communique une teinte jaune-orangé très persistante.

Après un léger lavage à l'alcool, pour enlever l'excès du colorant et un séjour d'une certaine durée dans l'eau, qui définit mieux son action spécifique, les coupes ne demandent plus qu'à être montées dans un milieu à la fois éclaircissant et conservateur. Nous employons un mélange concentré de chloral et de glycérine. Après quelque temps, les coupes y acquièrent toute leur valeur interprétative et la gardent.

Le baume du Canada n'est pas recommandable, car il confond les tissus mous de l'écorce dans une transparence trop uniforme.

Ce mode de traitement, que nous avons généralement suivi, après l'avoir reconnu plus adéquat aux besoins de nos recherches, n'est pas exclusif d'autres manipulations. Les circonstances particulières en suggèrent le choix et la technique.

MODE D'EXPOSÉ DES RÉSULTATS ACQUIS

La structure anatomique des plantes dicotylédones ligneuses présente trop d'uniformité pour qu'il soit commode d'en faire ressortir les notes différentielles, avec une certaine précision, par un simple énoncé. C'est pourquoi nous avons cru indispensable de recourir au dessin, pour en traduire les particularités dignes d'attention dans les caoutchoutiers.

Les figures ont dû être exécutées pour la plupart à un faible agrandissement : 20 diamètres au plus; car il était désirable, sans excéder les dimensions compatibles avec le format des planches, d'embrasser des portions de coupes suffisantes pour permettre d'y saisir les rapports des différents tissus, particulièrement ceux de l'écorce secondaire, siège principal du latex.

Cet agrandissement est malheureusement trop faible pour traduire les caractères particuliers des différents éléments histologiques et surtout pour figurer l'objet propre de nos recherches. Le caoutchouc coagulé dans les tubes laticifères se présentant sous l'aspect d'une substance plus ou moins amorphe, nous n'avons pu songer à figurer celle-ci par un procédé graphique destiné à une impression en noir sur blanc comme le reste.

L'objet principal de l'étude serait resté indiscernable et aurait plutôt jeté de l'obscurité sur la trame histologique qui n'est déjà pas trop distincte sans cette surcharge.

Il nous a paru préférable, malgré la difficulté qui en résulte pour le tirage des planches, de représenter ce produit en place, par une teinte conventionnelle, que nous avons choisie conforme à celle obtenue par notre technique de recherches. Par cette teinte orangée, qui tranche sur le canevas imprimé en noir des membranes cellulaires, la distribution des tubes laticifères se présente avec autant d'évidence que sur les préparations d'où les figures sont empruntées.

Le souci de conserver le caractère intuitif des figures, à ce point de vue, nous a interdit la reproduction de tous les produits cellulaires, tels que fécule, tanin, oxalate calcique, etc., dont les tissus corticaux sont généralement encombrés à l'état naturel, mais qui, à part l'oxalate de chaux, se trouvent éliminés par la technique suivie.

Pour obvier dans une certaine mesure aux inconvénients du faible agrandissement adopté pour les figures synthétiques, certains fragments ont été représentés à une échelle plus grande, 100 diamètres environ, quand il convenait d'en faire saisir de plus près les caractères histologiques. Même dans ces conditions, il n'a pas été possible d'urger la reproduction minutieuse des éléments cytologiques des différents tissus, mais il n'en résulte guère d'inconvénients pour les indications pratiques que l'on pourrait tirer de ces recherches, en vue de l'exploitation des caoutchoutiers.

Cet exposé figuratif permettra de réduire le texte qui va suivre, aux proportions d'une simple explication des figures. Il suffira, en outre, de comparer celles-ci, pour en dégager les caractères différentiels des principaux types de caoutchoutiers, ceux dont les matériaux nous ont permis l'examen.

La similitude des organes décrits et l'uniformité de leur structure histologique permettent l'adoption d'une légende commune, applicable à presque toutes les figures. Il suffira d'en indiquer ci-après la signification, pour mettre le lecteur à même de les interpréter sans recourir chaque fois à leur explication détaillée.

M, moelle ; pm, parenchyme médullaire; Lm, tubes laticifères propres à la moelle; li, liber interne ou périmédullaire.

B, bois; B', bois primaire; B², bois secondaire; pg, parenchyme ligneux; fg, fibres ligneuses; r, rayons médullaires ordinaires; r', rayons médullaires parcourus par des tubes laticifères; Lu, tubes laticifères des rayons médullaires.

E, écorce; le, liber externe ; pl, parenchyme libérien; tc, tissu criblé; c, plaque criblée; cc, cellules cristalligènes; pc, parenchyme cortical; sc, parenchyme scléreux; fc, fibres corticales; fl, fibres libériennes; per, formations péridermiques ; su, suber; ep, épiderme.

I. — ASCLÉPIADACÉES

Nos observations ont porté sur deux espèces végétales qui se rattachent à la famille des Asclépiadacées : *Periploca nigrescens* Afz. et *Cryptostegia madagascariensis*. Boj.

Il y a lieu de les examiner séparément, à cause des différences morphologiques qu'elles présentent.

Periploca nigrescens AFZ.

Les matériaux relatifs à cette espèce nous sont parvenus assez frais pour constater l'aspect naturel des organes et l'état fluide du latex.

Ils comportent : 1° deux fragments de tige aérienne d'un diamètre uniforme, qui était de près de deux centimètres à la réception, mais qui s'est réduit de moitié depuis par dessiccation. A part une légère différence de calibre, ces fragments concordaient adéquatement, par leur aspect extérieur, avec ceux que M. de Wildeman a reproduits dans la Planche LXXXVII de la *Mission Émile Laurent*.

2° Un plant déraciné qui semble avoir été extrait du sol avec le souci d'en respecter l'intégrité. La partie principale consiste en une longue racine de deux mètres de longueur, qui paraît avoir dû occuper dans le sol une position horizontale. A l'état frais, elle était assez molle, épaisse d'environ un centimètre et demi, presque exempte de radicelles, mais prolongée, d'un côté, par des ramifications dichotomiques dont le diamètre tombe de moitié. Extérieurement cet organe souterrain a un certain air de rhizome ; mais la structure interne est bien celle d'une racine. A son extrémité supérieure se rattache une tige volubile très grêle, présentant des bifurcations distancées et développées sur plusieurs mètres de longueur, avec un calibre assez constant, inférieur à celui d'un porte-plume ordinaire.

Rien n'autorise à attribuer une origine commune à ces deux échantillons.

On doit présumer au contraire qu'ils appartiennent à des sujets qui ont végété dans des conditions différentes.

Cette diversité morphologique concorde avec les remarques de M. de Wildeman (Mission Laurent, page 263) au sujet de cette plante, qui a donné lieu à des descriptions diverses et à des opinions contradictoires quant à sa valeur économique.

A notre point de vue, il suffit que les spécimens appartiennent à la même espèce, et la structure anatomique montre qu'il en est bien ainsi.

Nous avons porté séparément notre attention sur les organes suivants :

A. — Tiges assez grosses, à aspect de liane.

B. — Tiges grêles et volubiles, adhérentes à une souche.

C. — Racine assez épaisse formant la partie principale de la souche.

D. — Ramifications plus grêles de la racine.

Les figures de la planche I sont toutes empruntées à cette espèce originale.

A. LA TIGE LIANIFORME. — Elle nous est parvenue exempte de feuilles. Rien n'en indique l'âge d'une façon précise ; mais tout fait présumer qu'elle est encore relativement jeune.

L'écorce extérieure se crevasse irrégulièrement et donne naissance à des lamelles subéreuses qui se détachent partiellement et chevauchent les unes sur les autres en restant coincées d'un côté dans des sillons longitudinaux et interrompus qui intéressent le parenchyme cortical.

La fig. 1, pl. I en reproduit une coupe transversale, en grandeur naturelle. L'épaisseur notable de l'écorce en dessous de ces feuillets subéreux et l'absence de tissus sclérifiés dans l'appareil cortical, permettent à celui-ci de se contracter beaucoup par dessiccation. Sur la tige séchée, les squames extérieures prennent ainsi une saillie plus prononcée et se détachent facilement par le maniement.

La fig. 2 reproduit, à l'échelle de 20 diamètres, une portion d'une coupe transversale de l'organe, traitée comme il a été dit plus haut.

On y relève les particularités suivantes, en procédant de l'extérieur vers l'intérieur.

1° *Écorce.* — Périderme, *per,* avec production abondante, vers l'extérieur, de tissu subéreux, *su,* à membranes minces, au sein duquel se préparent des zones différentiées qui permettront plus tard la dissociation en feuillets et la desquamation progressive de ce tissu protecteur.

Le parenchyme cortical, *pe,* auquel le phellogène a fait peu d'apports, est entièrement mou. À quelque profondeur s'observent des petits faisceaux épars de fibres corticales, *fe,* qui appartiennent à la structure primaire de l'organe. Des deux côtés de cette zone d'éléments fibreux, le parenchyme cortical est parcouru par des tubes laticifères que la section rencontre sous des incidences très diverses, ce qui témoigne des sinuosités de leur trajet. Cela résulte de leur étirement, soit dans le sens radial, soit dans le sens tangentiel, par suite de la croissance, dans ces deux directions combinées, du tissu dans lequel ils sont noyés et dont ils subissent les mouvements de prolifération cellulaire.

Cette allure irrégulière, sinueuse, méandrique des tubes laticifères du parenchyme cortical se retrouve, avec des variantes, dans toutes les plantes à caoutchouc que nous avons à rencontrer. Nous mettrons cette particularité mieux en relief, à propos d'autres espèces, en figurant des coupes tangentielles pratiquées dans cette zone externe de l'écorce.

Les tissus libériens primaires et secondaires, *le,* assez largement développés déjà, sont abondamment parcourus par des tubes laticifères, L, dont la direction est surtout longitudinale. La coupe figurée ne les présente donc qu'en section transversale. Ces tubes, disséminés à toute profondeur dans le liber, sont d'abord d'un calibre très petit dans les couches les plus internes, au voisinage du cambium, où leurs prolongements s'étendent au sein des tissus en voie de formation, dont ils sont toujours une dépendance originelle. Avec l'âge, leur calibre augmente concurremment avec celui des tissus longs dont ils partagent la direction.

Ces tubes ne se ramifient guère et ne s'anastomosent pas entre eux. Ils ne présentent des rapports de soudure qu'avec les tubes, L_R, qui, issus du liber périmédullaire, parcourent radialement le bois dans de rares rayons médullaires plus épais que les autres et viennent se rattacher individuellement, à angle droit, à un seul tube du liber externe ou cortical. On peut en saisir le trajet radial sur la coupe transversale de la figure 2 ; mais la particularité anatomique de leur soudure ne s'observe bien que sur des coupes radiales, comme celle de la figure 3, qui embrasse à la fois toute l'épaisseur de l'écorce et la zone extérieure de bois qui y confine. Grâce à la teinte conventionnelle qui représente le latex en place, on pourra, malgré le faible grossissement de l'objet, se rendre compte tout au moins d'une soudure de ce genre entre un tube longitudinal appartenant au liber externe et un autre, horizontal, qui débouche d'un rayon médullaire dont le trajet sinueux entre les gros vaisseaux ligneux le fait sortir du plan de la coupe.

La comparaison des figures 2 et 3, qui sont complémentaires l'une de l'autre pour la partie corticale, permettra de reconstituer la trame de celle-ci en en synthétisant les données.

La figure 5, qui reproduit un fragment de coupe tangentielle pratiquée dans le liber secondaire, à peu de distance de la zone cambiale, montre à une échelle plus grande, — 100 diamètres, — les rapports entre les tubes laticifères et les autres tissus libériens : tubes criblés, *te;* parenchyme libérien, *pl,* et rayons médullaires, *r,* qui se présentent ici en section transversale.

Les tubes laticifères, L, y sont peu sinueux et ont une direction parallèle à celle du tissu criblé, peu déviée de la ligne droite, grâce à la faible épaisseur des rayons médullaires qui ne présentent encore ici généralement qu'une seule assise de parenchyme muriforme. On n'ignore pas que la prolifération de ce tissu, lors du développement ultérieur du liber, donne aux rayons une plus grande épaisseur dans les couches libériennes plus anciennes. Les tubes laticifères y sont rendus plus sinueux par ce fait. Cette loi générale trouve ici aussi son application, mais il nous a paru inutile d'en montrer l'expression dans une figure spéciale.

On observera que les plaques criblées, *c,* sont presque transversales et peu développées en surface. Quant aux cristaux d'oxalate calcique, *cc,* ils encombrent les cellules du parenchyme libérien et attirent l'attention par leur forme caractéristique : celle d'une macle, coudée rattachable sans doute au système monoclinique (fig. 7).

2° *Bois.* — Le bois secondaire, B², est très poreux. Les vaisseaux sont en effet assez rapprochés et d'un calibre suffisant pour être visibles à l'œil nu (fig. 1). Cette circonstance rend très sinueuse la direction des rayons médullaires qui ont peine à contourner les vaisseaux. Ces rayons sont pour la plupart très minces, ne comportant qu'une seule épaisseur de cellules. Seuls ceux-là qui hébergent un ou plus rarement deux tubes laticifères, LR, ont une épaisseur un peu plus grande aux endroits parcourus par ces tubes. Le parenchyme ligneux est abondant et occupe, sur la section transversale (fig. 2), des aires de formes polygonales ou zigzaguées dont la reproduction à la faible échelle adoptée n'a que la valeur d'une indication (1).

Il est à remarquer que les cellules de ce parenchyme restent minces, cellulosiques, exemptes de lignification et ne prennent pas conséquemment les teintures en usage pour caractériser les éléments ligneux, comme le font les fibres voisines, le parenchyme périvasculaire et les vaisseaux.

Il en résulte un aspect singulier du tissu ligneux et une grande aptitude à se contracter par la dessiccation.

Le rapprochement des grands vaisseaux ne permet guère la réalisation de coupes tangentielles, minces, d'une certaine étendue, car celles-ci se disloquent au niveau des vaisseaux dont le calibre est supérieur à l'épaisseur d'une coupe utilisable.

Nous en avons toutefois reproduit un petit fragment, pris dans l'intervalle entre deux vaisseaux, *v*, dans la fig. 4, à une échelle suffisante (100 diamètres) pour y discerner le parenchyme périvasculaire, les fibres ligneuses, *fg*, le parenchyme ligneux, *pg*, resté cellulosique et les rayons médullaires minces, *r*.

Le bois primaire, B¹, fig. 2, forme à l'intérieur de l'étui ligneux une zone

(1) Le procédé d'impression à sec, auquel il a fallu recourir pour permettre le tirage des planches en deux teintes, n'a pas maintenu la valeur relative des traits de la gravure. Il en est résulté plutôt une intervention de cette valeur relative, qui se traduit dans presque toutes les figures, au détriment de leur caractère de vérité d'expression.

continue de structure spéciale, remarquable par ses séries radiales de petits vaisseaux dont les plus internes sont spiralés. Par la finesse de ses éléments anatomiques, cette zone contraste vivement avec la texture lâche du bois secondaire. On y distingue beaucoup mieux qu'ailleurs le trajet des tubes laticifères, L_R, qui, issus du liber interne, s'engagent dans les rayons médullaires du bois pour le traverser radialement et aller se souder aux éléments similaires du liber externe, comme il a été dit plus haut.

3° *Liber interne.* — On observe, comme on sait, une formation de liber interne ou périmédullaire dans certains groupes de végétaux, au nombre desquels se trouvent les Asclépiadacées. Ce liber est particulièrement développé dans le *Periploca nigrescens,* au point qu'il refoule le tissu médullaire et s'écrase lui-même en quelque sorte, en se déformant, dans le milieu fermé où il est confiné.

Tous les éléments constitutifs sont mous. Ils logent des tubes laticifères qui s'engagent dans certains des rayons médullaires pour rejoindre, à travers tout le cylindre ligneux, leurs homologues du liber cortical.

L'appareil laticifère des deux formations est ainsi unifié et l'on comprend par là que le latex périmédullaire puisse fournir un appoint aux produits d'écoulement obtenus par saignée pratiquée dans les seuls tissus corticaux.

4° *Moelle.* — Le parenchyme médullaire reste complètement mou. Il est parcouru longitudinalement par des tubes laticifères propres, L_M, qui y restent confinés et ne s'anastomosent pas entre-eux. Ces tubes sont entourés d'une gaine de cellules d'un calibre plus petit, auxquelles il convient sans doute d'attribuer la sécrétion du latex particulier qu'ils renferment.

Bien qu'il soit sensible aux réactifs colorants comme le latex libérien, celui de la moelle n'en partage pas la nature. Fixé dans les mêmes circonstances que le premier, il n'en témoigne pas les propriétés élastiques. L'examen microscopique le montre en place, sous la forme d'une matière amorphe, résineuse, cassante, disloquée en boudins plus ou moins longs.

Le mélange accidentel de ce produit poisseux avec le latex libérien ne

pourrait sans doute qu'amoindrir les bonnes qualités de ce dernier; mais sa situation et sa rareté en réduisent beaucoup le caractère nuisible.

B. LES TIGES GRÊLES. — Celles-ci n'ont dans nos échantillons qu'un diamètre variant de 5 à 8 millimètres, suivant la direction, car la section en est elliptique, conformément à la fig. 8, qui la montre en grandeur naturelle. La partie terminale encore herbacée était cylindrique, épaisse de 3 à 4 millimètres. Tout porte à croire qu'elles étaient une production de l'année.

Dès qu'elles sont lignifiées, elles présentent une écorce déchiquetée, d'où se détachent des squames longitudinales de suber qui restent néanmoins adhérentes et augmentent le diamètre apparent de l'organe. La fig. 9 en reproduit une portion de section transversale, à la même échelle que la fig. 2. Le rapprochement de ces deux figures permettra de comparer les deux étapes de développement qu'elles caractérisent.

Dans ces jeunes tiges, les tissus corticaux, le liber externe surtout, *le,* sont relativement peu développés et l'on conçoit qu'on ne puisse en obtenir qu'un très faible rendement en caoutchouc, même par le battage. On peut croire, en outre, que le produit ainsi obtenu serait de qualité très médiocre si, comme il y a lieu de le craindre, le procédé favorisait la fusion du latex libérien avec les substances résineuses de la moelle qui ont déjà acquis toute leur importance.

C. LES GROSSES RACINES. — A frais, la partie la plus grosse de la racine que nous avons eue sous la main, atteint à peine 15 millimètres de diamètre. Elle garde ce calibre uniforme sur près de 2 mètres de long. Elle est flexible et charnue, car les tissus corticaux sont assez épais et gorgés de fécule.

A sec, les tissus mous s'affaissent en se détachant de la gaine subéreuse périphérique et celle-ci forme un étui mobile autour de l'axe contracté. La fig. 10 en est une section en grandeur naturelle, et la fig. 11 en est un secteur agrandi à 20 diamètres.

Le cylindre ligneux, B, y est assez étroit et la lignification en est peu accusée.

Les vaisseaux y sont plus petits et plus clairsemés que dans la tige; mais la trame ligneuse en est plus régulière et plus lâche.

Dans l'étui cortical, c'est le parenchyme externe qui tient la place prépondérante, sous une formation péridermique de liège mou, *su*. On n'y observe ni fibres ni autres tissus scléreux. Les tubes laticifères y ont un trajet très tortueux pour les raisons déjà dites à propos de la tige.

Le liber, au contraire, est peu développé et les tubes y gardent davantage la direction longitudinale qu'ils doivent aux tissus longs dans lesquels ils sont engagés.

Dans ces deux formations, libérienne et parenchymateuse, on observe, en outre, des cellules laticifères fermées, qui forment des séries linéaires d'éléments superposés, dont nous ne saurions dire si les cloisons transversales sont destinées à disparaître (fig. 6, petit fragment du liber, en coupe tangentielle). Le contenu en est granuleux et ne paraît pas doué des propriétés élastiques du latex caoutchoutifère.

On peut présumer conséquemment que l'exploitation de cet organe par le battage ne donnerait qu'un rendement médiocre, tant pour la qualité que pour la quantité.

D. LES PETITES RACINES. — Toutes proportions gardées, les petites racines présentent la même structure que les grosses; on s'en rendra compte par l'examen des figures 12 et 13, dont l'une est une vue agrandie d'une portion de l'autre.

Cryptostegia madagascariensis BOJ.

Notre examen a porté sur deux plants agés de 5 1/2 ans et originaires de Boma. Leur diamètre est d'environ 5 centimètres jusqu'à la hauteur de la première branche, soit à 50 centimètres du collet pour le plus gros des deux, à

1 mètre pour l'autre. L'épaisseur tombe de près de moitié à chaque ramification, mais se maintient assez constante sur toute la longueur des rameaux. Ceux-ci ont une tendance à s'enrouler; certains sont même franchement volubiles autour de leurs homologues d'un âge plus avancé.

Extérieurement l'écorce est assez lisse à frais, mais elle est parsemée de grosses lenticelles. En séchant, elle se plisse et se couvre de côtes irrégulières à direction longitudinale.

Le bas du tronc garde la base des racines qui ont été coupées à quelques centimètres de leur insertion, pour faciliter le transport des échantillons.

Ceux-ci nous sont parvenus assez frais pour voir perler le latex sur la section de l'écorce et de la moelle. Sur des troncs maintenues quelque temps dans le formol, on voyait exsuder du centre de la moelle un produit visqueux de couleur brune. C'est une substance résineuse qui n'a rien d'élastique.

De la zone périmédullaire au contraire, on voyait s'échapper, comme d'autant de filières microscopiques, des filaments blancs de même aspect que ceux qui émergeaient du tissu libérien externe et qui présentaient des propriétés élastiques très marquées.

EXAMEN MICROSCOPIQUE

Les éléments d'analyse histologique de la tige et de la racine ont été rassemblés dans la planche II.

A. TIGE. — La structure anatomique de la tige en général peut se déduire de celle d'une section pratiquée à quelques décimètres de la base et dessinée en grandeur naturelle dans la figure 1.

L'écorce, E, y a une épaisseur de 3 à 4 millimètres; le bois, B, est marqué de zones concentriques légèrement estompées et d'une légère striation due à l'orientation radiale des vaisseaux trop petits pour être visibles à l'œil nu; la moelle, M, atteint 2 à 3 millimètres d'épaisseur.

1° *Écorce.* — Les figures 4 et 5, pl. II, en représentent respectivement une coupe transversale et une coupe radiale à la même échelle de 20 diamètres environ. On y remarque, à l'extérieur, une formation péridermique subéreuse, *su*, au sein de laquelle se différencient certaines assises qui préparent la desquamation légère et tardive des couches les plus vieilles. Immédiatement en dessous, règne une zone étroite de parenchyme scléreux et, plus bas, du parenchyme mou, dans lequel s'observent des faisceaux peu cohérents de fibres corticales qui se rattachent à la structure primaire de l'organe.

Tout ce parenchyme cortical est sillonné en tous sens, par des tubes laticifères; mais il ne paraît pas que le produit coagulé en soit élastique à un haut degré.

C'est dans le liber externe, *le*, que le système laticifère est le plus dense. Il y est représenté par des tubes longitudinaux nombreux, dont certains reçoivent, à angle droit, la confluence d'autres qui, venus du liber périmédullaire, *li*, se sont engagés dans le parenchyme muriforme de certains rayons médullaires plus gros et en ont suivi la direction radiale jusque dans les tissus corticaux. Le latex y paraît excellent.

Dans les couches libériennes les plus jeunes (fig. 7, $\frac{100}{1}$), la direction des tubes dévie peu de la ligne droite, car la plupart des rayons médullaires, les rayons ordinaires, *r*, ne sont formés que d'une seule assise cellulaire. Seuls les rayons sillonnés par des tubes laticifères sont plus gros, *r'*, et refoulent localement les éléments longs du liber.

Ceux-ci sont rendus plus sinueux dans les couches libériennes plus anciennes (fig. 8). C'est le résultat de la prolifération du parenchyme libérien, du parenchyme muriforme surtout, dans le développement tangentiel qui répond au besoin d'extension de l'écorce.

Le fragment reproduit dans la figure 9, à une échelle plus grande encore, montre l'aspect des plaques criblées, *c*, qui sont grandes, obliques, composées et celui des cristaux d'oxalate calcique, *cc*, qui abondent dans les cellules du parenchyme libérien et souvent aussi dans celles des rayons médullaires.

L'analogie des formes cristallines de l'oxalate dans les deux genres *Cryptostegia* et *Periploca* confirme leur rapprochement systématique.

2° *Bois*. — Le bois secondaire, B², est assez dense; il présente des vaisseaux de calibre moyen disposés en séries radiales irrégulières — fig. 4, coupe transversale faiblement grossie, — et deux sortes de rayons médullaires, — fig. 6, coupe tangentielle plus agrandie.

De ceux-ci, les uns sont très minces, r, formés le plus souvent d'une seule épaisseur de cellules ou parfois de deux sur une partie de leur hauteur. Ils sont de loin les plus nombreux et assez rapprochés pour n'être séparés que par deux ou trois assises de fibres ou de cellules parenchymateuses.

Les autres sont plus épais, r', et souvent aussi beaucoup plus hauts; ils sont presque toujours parcourus par un ou deux tubes laticifères, LR.

Le bois primaire, B¹, fig. 2, $\frac{20}{1}$, forme une zone continue de structure uniforme, où dominent des vaisseaux spiralés disposés en séries radiales et réduits de calibre de l'intérieur vers l'extérieur de la zone. On y verra un nouveau trait de parenté avec *Periploca*.

3° *Liber interne*. — On sait que la présence d'une formation libérienne périmédullaire est un caractère des Asclépiadacées. L'observation en est ici facilitée par une meilleure conservation habituelle de la moelle et un contraste plus marqué avec la structure cellulaire de celle-ci. Cette formation libérienne a aussi naturellement un système laticifère propre, qui peut déverser son trop-plein dans le liber externe, par le canal des gros rayons médullaires.

Cela ressort aussi bien de l'examen de la coupe transversale (fig. 2) que de la coupe diamétrale (fig. 3), qui intéressent, l'une et l'autre, la moelle et les tissus qui l'engainent.

4° *Moelle*. — La moelle, gorgée de réserves amylacées, a aussi son système laticifère propre; mais celui-ci est formé de tubes droits, LM, isolés les uns des autres sur de grandes longueurs et dépourvus de communications avec ceux des autres parties de la tige. Ils sont entourés d'une gaine de petites cellules isodiamétriques, cellules sécrétrices sans doute, comme dans *Periploca*.

Ils ne recèlent qu'un produit peu ou pas susceptible de propriétés élastiques après coagulation. On s'en aperçoit aussi bien à l'aspect microscopique du produit qu'à la consistance poisseuse qu'il révèle sur la section transversale des tiges fraîches.

B. RACINE. — Dans nos échantillons, la racine principale est tire-bouchonnée et les tours de spire se sont en quelque sorte compénétrés en s'épaississant. Cela provient sans doute de ce que les plants jeunes ont été repiqués dans des trous trop peu profonds pour y loger convenablement le pivot. Il s'est substitué à celui-ci des racines latérales, issues la plupart du bas de la tige et dirigées horizontalement dans le sol, si l'on en juge par les courts moignons conservés.

C'est d'une de ces racines adventives que la figure 10 donne une vue transversale. La figure 11 en reproduit un étroit secteur, à l'échelle de 20 diamètres.

Le bois, B, en est homogène et résistant, bien que les membranes cellulaires soient peu lignifiées. Les vaisseaux sont peu larges et groupés en petites séries disséminées qui gardent, dans l'ensemble, une direction radiale bien marquée.

L'épaisseur de l'écorce, E, est plutôt faible; aussi la dessiccation peut s'y produire sans qu'il en résulte une déformation de l'organe.

En dessous du liège péridermique, *su*, on distingue : 1°. une couche assez mince de parenchyme cortical, *pc*, gorgé de fécule, comme du reste tous les tissus parenchymateux de la racine; 2°. une zone peu épaisse de liber-mou, *le*. Ces deux formations renferment des tubes laticifères. Ceux-ci sont sinueux dans le parenchyme cortical; ils sont plus droits et leur direction est longitudinale dans le liber.

Il va sans dire qu'ils ne reçoivent aucun apport de l'intérieur de l'organe, puisque celui-ci ne comporte pas de moelle et que le bois n'a pas de tubes laticifères qui lui soient propres.

II. — APOCYNACÉES

On sait qu'entre les Asclépiadacées et les Apocynacées les affinités sont très étroites. Celles-ci se révèlent non moins dans la structure anatomique que dans les caractères morphologiques.

La présence d'un liber interne et la similitude qui en résulte dans la trame laticifère des deux familles, permettraient de s'en tenir à une généralisation des observations déjà exposées ci-devant, si le but de nos recherches ne rendait opportune la mise en relief de certains détails secondaires, propres aux espèces que l'on signale le plus à l'attention des producteurs de caoutchouc.

Clitandra Arnoldiana D. W.

L'examen a porté sur des sujets d'âge très différent.

L'un est un jeune plant presque complet, arraché avec une partie de ses racines. Il devait avoir plus de 10 mètres de longueur, bien que le diamètre de la tige, à la base, ne soit encore que de 15 millimètres.

Les autres sont des lianes adultes, représentées par des tronçons de deux mètres environ, qui semblent avoir été empruntés à la partie inférieure de la tige. Celle-ci est en âge d'exploitation ; c'est elle que nous aurons spécialement en vue dans l'analyse dont les éléments graphiques sont groupés dans la planche III.

La forme de l'échantillon disséqué est à la fois aplatie et cannelée, conformément à la figure 1, qui en reproduit une section en grandeur naturelle. Ce caractère n'est cependant pas spécifique, car il n'est pas reproduit dans un second échantillon de même origine.

Par la dessiccation, il s'est produit dans l'écorce des fentes transversales, larges parfois de 5 millimètres, qui intéressent toute l'épaisseur de l'organe. Les lèvres en sont reliées par d'innombrables fibrilles de caoutchouc d'un blanc brillant, qui a pû s'y étirer après coagulation naturelle. D'autres fentes, longitudinales celles-ci, recoupent parfois les premières et disloquent l'écorce en fragments irréguliers; ce qui s'explique par l'absence presque complète de tissus sclérifiés.

Dans l'analyse miscroscopique de la tige, nous rencontrerons successivement l'étui médullaire, le bois secondaire et l'écorce.

1°. *L'étui médullaire* ou *aire centrale*. — Cette partie centrale de la tige est fort étroite. Les figures 2 et 3 qui la reproduisent respectivement en coupe diamétrale et en coupe transversale, à l'échelle de 20 diamètres, en montrent les différents éléments : la moelle, M, le liber interne, *li*, et la zone interne du bois, B^1, dans leurs rapports respectifs d'importance et de disposition.

Le parenchyme médullaire est peu développé. Il est parsemé de quelques cellules scléreuses, *sc*, et parcouru longitudinalement (fig. 3) par des tubes laticifères droits, qui sont indépendants entre-eux et restent cantonnés dans la moelle, comme un appareil sécrétoire propre à cet organe. Leur contenu coagulé ne présente pas les caractères d'élasticité du caoutchouc, mais plutôt l'aspect d'une substance cassante et résineuse.

Le liber interne, *li*, forme autour de la moelle une gaine étroite d'éléments cellulaires de très petit calibre et de faible consistance, que leur position étriquée condamne à l'écrasement et rend assez difficiles à observer.

Les tubes laticifères y sont eux-mêmes très étroits. Ils s'engagent, au bout de leur course longitudinale, dans certains rayons médullaires plus épais pour en suivre la direction radiale, L$_R$, dans le bois et déboucher enfin dans le liber externe, où ils se soudent à angle droit avec leurs homologues de la région corticale.

Le bois primaire, B^1, ne se distingue pas du bois secondaire par des caractères différentiels bien accusés, comme dans les Asclépiadacées dont il a été question plus haut.

2°. *Le bois secondaire,* B². — Celui-ci est présenté sous le même grossissement : en coupe transversale, dans une partie de la figure 4 ; en coupe radiale, dans l'extrémité droite de la figure 5 ; en coupe tangentielle, dans la figure 6.

Les vaisseaux, *v,* en sont grands et généralement isolés, ce qui explique la légèreté relative et la porosité particulière du bois de l'espèce en question. Pour le reste, les éléments fibreux dominent et les rayons médullaires sont encore ici de deux sortes.

Ces particularités se traduisent mieux dans la figure 7, qui reproduit un fragment de coupe tangentielle plus grossie, $\frac{100}{1}$. On y remarquera que la plupart des rayons, *r,* sont très minces, ne comportant guère qu'une seule assise de cellules ; tandis que d'autres, *r',* sont plus épais, et hébergent habituellement un tube laticifère, LR.

3°. *L'écorce.* — Le rapprochement des deux figures 4 et 5, qui reproduisent le même objet en vue transversale et en vue radiale, permet de se rendre compte de la distribution du système laticifère dans une tige que son âge désigne pour l'exploitation. C'est la reproduction, avec de simples variantes de détails, de ce qui se constate dans les Asclépiadacées déjà décrites.

Dans le liber, *le,* on observe des tubes laticifères longitudinaux, dont certains se soudent à angle droit avec les éléments de même nature, qui établissent la liaison, par le canal des rayons médullaires, entre les deux formations libériennes et unifient leur appareil sécréteur.

Le calibre de ces tubes augmente avec l'âge et suit un développement parallèle à celui des tissus voisins dont ils sont contemporains.

Sur la coupe transversale (fig. 4) on en voit les sections disséminées sans ordre en toute profondeur du liber externe et jusque dans le voisinage du méristème cambial. La coupe radiale (fig. 5) les montre comme des prolongements illimités de tubes autonomes et non comme des ramifications à direction centripète de ceux des assises plus âgées du liber. Il est à peine utile de faire remarquer que cette figure, reproduisant la distribution des tissus dans un même plan optique, il n'est pas possible d'y suivre la continuité des éléments quand ils sortent de ce plan, comme on pourrait le faire sur une coupe naturelle, dont on peut fouiller l'épaisseur en modifiant la mise au point.

D'abord presque rectiligne, la direction des tubes laticifères devient plus sinueuse à mesure que le développement inégal des tissus encaissants en détermine la déviation. Leur contenu coagulé se présente comme une susbtance très élastique, car les parties enlevées de leur logement naturel, lors de la confection des coupes, s'étirent en filaments qui, abandonnés à eux-mêmes dans la suite, se contractent, s'agglutinent ou se pelotonnent en se tire-bouchonnant de toutes façons. C'est le moment de constater, une fois pour toutes, que le latex du liber présente, même au microscope, des caractères d'élasticité qu'on ne retrouve pas au même degré dans les autres parties de la plante.

La figure 8 montre, en coupe tangentielle et à un grossissement supérieur, $\frac{100}{1}$, la distribution des tissus dans le liber encore jeune : les rayons médullaires minces, r, et épais, r'; le tissu criblé, tc, dont les plaques, c, sont obliques et cloisonnées; le parenchyme libérien, pl; les cellules cristalligènes, cc, et enfin les tubes laticifères, L, peu déviés de leur direction droite.

Certains de ces éléments sont représentés d'une façon plus explicite encore dans la figure fragmentaire 9, où s'observent : une plaque criblée vue de face, c; les aspects variés des cristaux d'oxalate calcique, cc et un fragment étiré de caoutchouc coagulé, L.

Le parenchyme cortical, pc, ne présente que fort peu d'éléments scléreux, sc, qui forment de petits groupes très espacés, sur une zone confinant à la limite extérieure du liber primaire. On n'y remarque pas de fibres, pas plus que dans le liber secondaire. C'est à cette circonstance que l'écorce de *Clitandra Arnoldiana* doit de se contracter par dessiccation et de se crevasser comme il a été dit plus haut.

Cette partie extérieure de l'écorce est parcourue en tous sens par des tubes laticifères, qui, sur les coupes tant transversales que radiales, ne se montrent que sous la forme de tronçons sinueux discontinus (fig. 4 et 5). Leur continuité se traduit mieux sur des coupes tangentielles, comme celles dont la figure 10 reproduit un fragment grossi environ 100 fois.

On y constate aisément que les tubes laticifères, L, ont dû se prêter, après leur formation, soit à des poussées, soit à des tractions en sens divers, par le fait du développement ultérieur du parenchyme cortical, dont l'activité génératrice persiste longtemps et marche de pair avec l'accroissement de l'appareil tégumentaire de la tige.

Ce dernier enfin est renforcé par des formations péridermiques, *per*, assez puissantes, dont une couche épaisse de liège homogène, *su*, et une zone de sclérenchyme, *sc*, mal délimitée vers l'intérieur.

REMARQUE. — C'est à dessein que nous nous dispensons d'examiner la racine, que nous n'aurions pu étudier qu'à l'état jeune et dont la structure ne diffère pas sensiblement de celle des *Landolphia*, dont il sera question ci-après.

Landolphia owariensis P. B.

Nous avons disposé : 1° d'un jeune plant complet, long d'une dizaine de mètres, avec racines et rameaux grêles comme la tige principale ; 2° de deux tronçons de liane adulte, d'un diamètre maximum de 8 centimètres.

De parenté étroite avec les *Clitandra*, les *Landolphia* en retracent les caractères anatomiques. Au point de vue spécial qui nous occupe, on pourrait dire, en thèse générale, que le système laticifère des *Landolphia* est la reproduction adéquate de celui de *Clitandra Arnoldiana*. Seules quelques particularités spécifiques les différencient.

En signalant celles-ci dans *Landolphia owariensis*, dont on s'accorde à reconnaître la valeur industrielle, nous aurons l'occasion de relever quelques détails complémentaires de l'anatomie des Apocynacées, en les recherchant jusque dans les organes plus jeunes : tiges et racines.

Les figures de la planche IV se rapportent à cette intéressante espèce.

A. TIGE ADULTE. — La figure 1 reproduit, en grandeur naturelle, une section transversale de la liane qui a été prise comme objet d'examen.

L'aspect macroscopique de l'écorce y dénote une proportion plus grande de tissu sclérifié et cela explique sa moindre contractilité sous l'effet de la dessiccation. Cette particularité est mise en évidence dans la figure 2, qui en montre un fragment de coupe transversale dessiné à l'échelle de 20 diamètres et dans la figure 4 qui est empruntée à une coupe tangentielle et grossie 100 fois. Ces massifs scléreux, *sc*, plus nombreux, plus rapprochés dans le parenchyme cortical, s'observent aussi dans le liber, sous la forme de noyaux plus petits et plus clairsemés.

Le bois doit à ses deux sortes de rayons médullaires une texture très analogue à celle des *Clitandra*, bien qu'il soit un peu moins poreux, car le calibre moyen des vaisseaux est plus petit. Comparez la fig. 2, B, coupe transversale, gross. $\frac{20}{1}$ et la fig. 3, coupe tangentielle, gross. $\frac{100}{1}$.

B. TIGE JEUNE. — Les figures 6, 7, 8 de la planche IV, se rapportent à une jeune liane, dont la section est reproduite, en grandeur naturelle, dans la figure 5.

L'agrandissement d'un secteur de cette coupe, fig. 6, permet d'en reconnaître les notes spécifiques.

1°. *Moelle*. — Le parenchyme médullaire, *pm*, en grande partie mou, recèle des cellules fortement sclérifiées, *sc*, dont on n'aperçoit que la section circulaire sur la coupe transversale. Tantôt isolées, plus souvent disposées en séries longitudinales, ces éléments ne s'observent bien dans tout leur développement que sur des coupes longitudinales, comme celle dont la figure 7 donne la reproduction au même grossissement que la précédente, soit 20 diamètres.

Le parenchyme mou est en même temps parcouru par des tubes laticifères propres qui présentent entre eux de rares anastomoses.

La figure 8, plus grossie, 100 diamètres, montre d'une façon plus explicite les caractères et les rapports des éléments médullaires : *pm*, parenchyme mou, tout farci de cristaux d'oxalate calcique, *ce*; — *sc*, cellules sclérifiées de différentes formes; Lm, tubes laticifères dont le contenu est plutôt résineux que caoutchoutifère. La coagulation y détermine, en effet, des craquelures, des solutions de continuité, qui témoignent d'une élasticité très faible ou même nulle.

2°. *Liber interne* ou *périmédullaire.* — Mêmes caractères que dans les espèces examinées plus haut. Même appareil laticifère écoulant aussi son trop-plein, à travers le bois, dans le liber externe ou cortical (fig. 6 et 7).

3°. *Bois.* — Le bois primaire, B¹, ne se distingue guère des couches profondes du bois secondaire, B². Celles-ci ont des vaisseaux très petits, si on les compare aux couches périphériques des tiges adultes. C'est ce qui résulte du rapprochement des deux figures 6 (B², bois interne) et 2 (B, bois externe) également amplifiées. On peut dire, en effet, que, chez ces plantes à caractère de liane, le calibre des vaisseaux augmente progressivement dans de nouvelles productions cambiales. De plus, les rayons médullaires de quelque épaisseur, très rares dans les couches internes, deviennent plus nombreux dans les couches externes.

La densité du bois diminue conséquemment du centre vers la périphérie.

4°. *Écorce.* — L'écorce présente peu d'épaisseur dans le jeune âge.

Le liber externe, *le*, en est peu développé; le parenchyme cortical, *pc*, présente quelques fibres, *fc*, disséminées sur une zone étroite. L'un et l'autre sont parcourus par des tubes laticifères, peu déviés jusqu'ici de leur direction longitudinale (fig. 6 et 7).

Le périderme, *per*, s'est déjà constitué sous l'épiderme. Il comprend, à l'extérieur, une zone subéreuse, *su*, et, vers l'intérieur, une zone mal délimitée de parenchyme sclérifié.

L'épiderme, *ep*, encore persistant, en dehors des lenticelles, *x*, se montre formé de cellules relevées, en leur milieu, de papilles dures et pointues, mais très courtes, *p*, fig. 6 et 7.

C. Racine. — Voir les figures 9, 10, 11, 12, 13 de la planche IV.

Les observations ont porté sur une jeune racine adhérente au plant signalé plus haut.

La figure 9 en indique la grandeur naturelle, en section transversale.

La figure 10 en est un secteur agrandi 20 fois environ.

La partie corticale en est peu épaisse et limitée par une couche de liège péridermique. Elle est parcourue par des tubes laticifères, dont la direction peut se déduire de la comparaison de la coupe transversale, fig. 10, avec la coupe radiale, fig. 11. Dans le liber, ils sont peu sinueux : la figure 12 les montre, en coupe tangentielle, à un plus fort grossissement, dans leurs rapports avec les autres tissus libériens.

Dans le parenchyme cortical, ils sont plus sinueux, et plus souvent anastomosés, comme il apparaît dans la figure 13, qui reproduit un fragment de coupe tangentielle, pratiquée dans la zone périphérique de l'écorce.

Landolphia Gentilii D. W.

Bien que nos observations aient porté sur des matériaux jeunes et âgés, en tout comparables à ceux de *Landolphia owariensis*, il nous paraît inutile d'en retracer la structure anatomique, parce que les caractères généraux sont trop concordants dans ces deux espèces congénères.

On s'en rendra suffisamment compte, par l'examen de la fig. 2, pl. V, qui reproduit, à l'échelle de 20 diamètres, une coupe transversale de l'écorce d'une liane arrivée au développement en diamètre que traduit la section transversale, dessinée dans la fig. 1, même planche.

Ces deux figures, les seules qui ont trait à l'espèce *Gentilii*, suffiront à suggérer les différences d'ordre secondaire qu'on y observe.

Toutes proportions gardées, l'écorce est plus épaisse dans l'espèce *Gentilii* que dans sa congénère *owariensis* et les noyaux sclérifiés, noyés dans le parenchyme cortical et même dans le liber, sont à la fois moins nombreux, plus gros et formés d'éléments cellulaires plus grands. Ce caractère différentiel est assez marqué pour permettre à première vue le discernement des coupes provenant des deux espèces. Il apparaît même à l'œil nu, sur la section de l'écorce (comparez les fig. 1 pl. IV et 1 pl. V). Mais on conçoit que cette circonstance soit sans importance au point de vue de la valeur économique, si le latex est également bon. Ceci, toutefois, n'est pas du ressort de l'examen microscopique.

REMARQUE. — Nous nous abstiendrons de mentionner ici des observations faites conjointement à celles-ci, sur des plants jeunes de plusieurs autres espèces de *Clitandra* (*Lacourtiana* D. W., *Mannii* Stapf.) et de *Landolphia* (*Klainei* Pierre, *Lecomtei* A. Dew, *Scandens* F. Didr, *Laurentii* D. W., *Yongo*, etc.), provenant du Jardin Colonial de Laeken. Les conditions spéciales du milieu ont pu introduire dans leur structure anatomique des caractères d'adaptation, dont il n'y a pas lieu de tenir compte et, d'autre part, ces sujets sont trop jeunes pour qu'on puisse en tirer des renseignements sur leur valeur économique.

Landolphia Thollonii DEW.

Nous avions terminé nos recherches sur les Apocynacées dont nous disposions et nous en avions figuré des détails anatomiques jugés suffisants, lorsque nous avons été mis en possession d'échantillons de *Landolphia Thollonii*.

L'examen que nous en avons fait, nous a montré que les différences que l'on observe entre cette intéressante espèce et ses congénères sont bien plus d'ordre morphologique que d'ordre anatomique.

Au point de vue morphologique, il n'y a rien à reprendre ni à ajouter à la minutieuse description qui en a été faite dans la « Mission Em. Laurent », page LXX et suivantes de l'introduction et page 491, avec figures, dans la partie systématique.

Les tiges aériennes, courtes et grêles, n'ont aucune importance économique.

Les rhizomes et les racines ont sensiblement le même aspect extérieur, des dimensions analogues, variant depuis quelques millimètres jusqu'à 12 millimètres d'épaisseur, la même écorce verruqueuse, rude au toucher, d'un brun-noirâtre. Celle-ci, même après dessiccation, reste bien adhérente au cylindre ligneux, n'étant pas rétractile dans le sens de la longueur. Toutefois, elle devient cassante, elle se fend aisément sur la flexion de l'organe et laisse voir alors, sur la cassure, des filaments d'un caoutchouc nerveux, dont l'expérience a fait reconnaître les bonnes qualités.

A sec, le débit de l'écorce en coupes minces est fort difficile, car elle s'émiette sur le rasoir. Après avoir séjourné quelque temps dans l'eau, elle reprend sa souplesse et se prête parfaitement à l'examen microscopique, car elle n'est pas altérée par des végétations cryptogamiques.

RHIZOME. — Sous des dimensions très réduites, 12 millimètres au plus de diamètre, le rhizome reproduit la structure anatomique des *Landolphia* liani-formes, avec de légères différences qu'explique suffisamment le milieu souter-rain de l'organe.

1°. L'étui médullaire est étroit : 1 à 2 millimètres. Outre le parenchyme médullaire qui est sclérifié par places et qui est sillonné de tubes laticifères à contenu plutôt poisseux, on y observe un anneau de liber interne, pourvu d'un appareil sécréteur propre, dont le coagulum parait plus élastique. Il va sans dire que pendant la vie, le trop plein de cette sécrétion s'épanche vers le liber externe, par le canal des rayons médullaires du bois et de l'écorce.

2°. Le cylindre ligneux, rarement large de 8 à 10 millimètres, est formé d'un tissu fibreux serré, dans lequel abondent des vaisseaux très rapprochés.

3°. L'écorce enfin, présente une large zone libérienne sillonnée longitudina-lement par des tubes laticifères épars. Ceux-ci sont plutôt larges ; c'est à eux qu'appartient le coagulum qui se laisse étirer entre les lèvres des cassures de l'écorce, en témoignant d'une élasticité remarquable.

Cette zone libérienne est entièrement dépourvue d'éléments sclérifiés.

Ce n'est que dans le parenchyme cortical, à la limite interne des formations subéro-phellodermiques, que l'on trouve une zone irrégulière de parenchyme scléreux, séparée du suber périphérique par du parenchyme mou ou partiellement sclérifié. Là se trouvent des tubes laticifères de calibre plus petit, très sinueux et remplis d'un coagulum peu élastique.

RACINE. — La racine se distingue aisément du rhizome, par l'absence de moelle. Le bois y a les mêmes caractères que dans le rhizome.

L'écorce est entièrement formée de tissus mous, à part la zone subéreuse externe. Elle est pourvue dans toute son épaisseur, mais surtout dans la zone libérienne de tubes laticifères nombreux et rapprochés, dont le produit paraît être de bonne qualité.

Genre Carpodinus R. BR.

En même temps que les spécimens de *Landolphia Thollonii*, nous recevions des rhizomes de *Carpodinus lanceolata*, K. Schum.

Extérieurement ils s'en distinguent aisément. L'écorce en est lisse et blanchâtre, rétractile par dessiccation dans le sens de la longueur, et divisée par la suite en segments, par des fentes transversales de retrait, au fond desquelles on n'aperçoit jamais de ces filaments élastiques qui caractérisent les bonnes espèces caoutchoutifères. Sèche, elle est friable sous la pression des doigts, particulièrement lorsque la moisissure s'est emparée des couches profondes et a détruit l'adhérence du liber au cylindre ligneux, comme c'est le cas généralement.

Tout fait croire qu'à frais, l'écorce a dû être charnue et assez épaisse : 4 à 5 millimètres sur des rhizomes de 20 à 22 millimètres de diamètre, les plus gros que nous possédions.

Malgré ces différences extérieures, l'anatomie de *Carpodinus lanceolata* se modèle assez facilement sur le type des Apocynacées déjà décrites, pour témoigner de ses affinités étroites avec les *Landolphia*.

A défaut d'avoir pu en figurer une coupe transversale, nous pouvons évoquer celle de *Landolphia Gentilii*, figure 2, planche V, à laquelle il ne manque que la présence, dans le parenchyme cortical externe, de deux zones irrégulières de parenchyme scléreux, pour pouvoir être applicable à l'espèce dont il est question.

Ici comme là, des massifs épars de parenchyme scléreux s'observent jusque dans les couches libériennes et contribuent à rendre difficile la réalisation des coupes minces.

Quant au système laticifère, il présente la disposition connue, aussi bien dans l'étui médullaire, où l'on observe aussi du liber interne, que dans l'écorce.

Toutefois, la ressemblance ne va pas jusqu'à la nature du latex, car même à l'examen microscopique, celui de *Carpodinus* se montre dépourvu de propriétés élastiques. L'expérience a démontré, du reste, que cette plante n'est pas caoutchoutifère. Sa place n'est pas ici.

Funtumia elastica PREUSS.

On sait que l'Ireh est une plante arborescente et non pas lianiforme comme les précédentes.

Nos matériaux d'étude ont consisté en jeunes plants provenant de Bokala et coupés au niveau du sol. Leur grosseur varie de 2 à 11 centimètres de diamètre à la base. Les uns sont des produits de semis en place sous le couvert d'autres essences, les autres sont des sujets repiqués à découvert.

Bien que la durée de leur transport en Belgique n'ait rien eu d'exagéré, ils nous sont parvenus dans un état de dessiccation avancée, avec l'écorce crevassée, détachée du bois et avariée par le développement intense de champignons saprophytes. — C'est un fait digne de remarque, en effet, que la rapidité des invasions saprophytiques sur les troncs d'essences variées qui nous sont parvenus du Congo, même dans les meilleures conditions d'emballage. — Ces échantillons de culture équatoriale témoignent d'une vigueur de végétation qui contraste avec celle des sujets obtenus des serres du jardin colonial de Laeken. Ceux-ci, sous des dimensions beaucoup plus grêles, montrent une texture anatomique plus dense.

Nous avons dû recourir à ces deux sortes de matériaux pour réunir les données anatomiques traduites en figures dans la planche V, fig. 3 à 12. Nous ne pouvons que regretter de n'avoir pu disposer de sujets plus âgés, en état d'exploitation.

A. LA TIGE.

1° *Moelle.* — Le mauvais état du contenu de l'étui médullaire dans les sujets de provenance congolaise, nous a fait recourir, pour en rechercher la constitution, à un sujet frais obtenu du jardin colonial de Laeken. La figure 3 en donne la coupe transversale en grandeur naturelle. La figure 4 en est un secteur agrandi vingt fois et la figure 5 une partie de coupe diamétrale, au même niveau à peu près.

L'absence de tissu scléreux dans la moelle, explique sa décomposition facile et son effacement presque complet dans les matériaux desséchés. Au reste, sa structure est celle des autres Apocynacées, si l'on se borne à constater la présence de tubes laticifères propres mais non productifs de gomme élastique et celle d'une étroite zone de liber interne pourvu, lui aussi, de tubes laticifères très ténus.

2° *Bois*. — Le bois est assez homogène, avec vaisseaux peu ouverts réunis en petits groupes, dans un tissu fibreux prédominant.

Il doit son caractère principal à ses rayons médullaires, qui sont d'un seul type. Ceux-ci, vus en section transversale sur une coupe tangentielle du bois, comme celle de la figure 8, montrent deux rangs de cellules plus petites dans leur partie médiane et un rang seulement de cellules plus grandes à leurs deux extrémités.

Vues de face, suivant leur développement radial, ces dernières ont leur plus grand diamètre orienté suivant l'axe de la tige et non suivant le rayon, comme c'est le cas le plus communément ailleurs. Un très petit nombre de ces rayons médullaires donne asile à un tube laticifère, trait d'union entre le liber périmédullaire et celui de l'écorce. Ils n'ont pas pour cela plus d'épaisseur que les autres et il serait assez difficile de les reconnaître sur des coupes minces, si l'on n'avait pas pris soin d'y rendre le latex apparent par une coloration spéciale.

3° *Écorce*. — L'écorce est très mince dans les jeunes tiges élevées en serre. Dans les agrandissements de l'objet, fig. 4, coupe transversale et fig. 5, coupe longitudinale radiale, on observe de l'extérieur vers l'intérieur, l'épiderme, *ep*; une couche péridermique subéreuse, *per*; une zone étroite de parenchyme cortical traversé par des fibres isolées, *fe*; une couche de parenchyme scléreux, *sc*, et enfin une faible épaisseur de formation libérienne, *le*. Celle-ci est pourvue d'un système laticifère que l'on sait produire un caoutchouc de bonne qualité. Le parenchyme cortical recèle aussi des tubes méandreux, dont le contenu paraît moins élastique.

Le plus gros spécimen que nous ayons de provenance congolaise a un diamètre de 11 centimètres vers la base. La figure 6, qui en reproduit un secteur en grandeur naturelle, permet de juger de la faible épaisseur de l'écorce en regard du bois. L'âge n'en est pas spécifié.

Grossi plus de vingt fois en section transversale dans la figure 7, l'appareil cortical de ce sujet se montre surtout remarquable par l'abondance du parenchyme scléreux, *sc*, qui se différencie très tôt, puisqu'on le trouve formé jusque dans les couches libériennes qui avoisinent le cambium. La figure 9 en reproduit, à une plus grande échelle, une coupe tangentielle pratiquée vers le milieu de la zone libérienne. On y voit plus manifestement que le parenchyme scléreux y forme des granulations dures, au sein des autres tissus dont les membranes sont restées minces et délicates et on s'explique ainsi la friabilité de l'écorce quand elle est sèche et plus encore quand les végétations cryptogamiques en ont plus ou moins désorganisé la trame.

Quant à l'appareil laticifère, son ordonnance ne diffère pas sensiblement de ce qui s'observe dans les autres Apocynacées.

B. LA RACINE.

Nous n'avons pu étudier cet organe que sur un jeune sujet élevé en serre. Il n'y a du reste rien de nouveau à en tirer. On s'en rendra compte par l'examen des figures 10, 11, 12, empruntées à des coupes pratiquées dans une racine de petites dimensions, dont la figure 10 est une section reproduite en grandeur naturelle.

L'écorce y est très mince ; elle mesure moins d'un millimètre.

La figure 11, qui en est un agrandissement, en donne la texture d'une manière suffisamment explicite, si l'on se réfère à la légende connue.

La figure 12, grossie cent fois, en complète l'interprétation par la reproduction d'un petit fragment de coupe radiale.

III. — EUPHORBIACÉES

Les Euphorbiacées fournissent l'exemple d'un appareil laticifère bien différent de celui des Asclépiadacées et des Apocynacées dont il vient d'être question.

C'est du moins ce que traduisent les deux espèces qui fixent le plus l'attention des planteurs : *Hevea brasiliensis* Muell. et *Manihot Glaziovii* Muell. Arg. les seules dont nous avons à nous occuper ici.

Au point de vue où nous nous plaçons, ces deux essences sont très similaires.

La trame laticifère s'y développe suivant le même plan, si bien qu'on pourrait prendre connaissance de l'une par l'autre, s'il n'y avait pas lieu de préciser, en même temps, des particularités d'autre nature, propres à chacune d'elles.

Le trait commun le plus caractéristique consiste dans la disposition de la trame laticifère en assises concentriques, qui paraissent indépendantes les unes des autres et qui se trouvent régulièrement espacées dans l'épaisseur du liber.

On sait, d'autre part, que ces plantes n'ont pas de formation libérienne périmédullaire. Cette circonstance entraîne l'absence de latex dans le bois.

Hevea brasiliensis MUELL.

OBJETS D'ÉTUDE : 1° Troncs arborescents, âgés de 6 ans 1/2 et originaires de Kalamu. Dimensions : 0^m20 de diamètre, à 1^m20 au-dessus du sol ;
2° Jeunes plants d'âge indéterminé. Dimensions : 0^m03 de diamètre au collet, 0^m015 à la hauteur de 1^m50, niveau auquel les plants ont été rabattus.
La planche VI groupe une série de figures propres à faciliter l'intelligence de la structure anatomique chez cette importante espèce.

A. TIGE JEUNE. — Une section transversale dans une tige de petit diamètre est très utile pour se renseigner d'abord sur l'importance relative et les rapports réciproques des différentes parties de l'organe : moelle, bois, écorce. Elle est indispensable pour fournir, relativement à la constitution de l'étui médullaire, des renseignements qu'on ne pourrait puiser qu'avec peine et incertitude dans les gros troncs.

La figure 8 en reproduit une en grandeur naturelle. Elle a été pratiquée dans un jeune plant, à la hauteur d'un mètre environ, niveau que nous reprendrons plus loin dans l'analyse du tronc adulte.

De la figure 9, agrandissement d'un secteur de cette coupe, on peut déduire les points suivants : 1°. La moelle, M, assez largement développée n'est formée que de parenchyme mou. 2°. Il n'y a pas de liber interne. 3°. Les faisceaux ligneux primaires, B¹, sont assez nombreux et festonnent la limite interne du cylindre ligneux. 4°. Le bois secondaire, B², est homogène, avec des vaisseaux isolés ou groupés en petites séries radiales, au sein d'un tissu fibreux recoupé concentriquement par des assises étroites de parenchyme. 5°. L'écorce, E, fort mince, ne comprend encore qu'une zone étroite de liber, l, avec deux assises de trame laticifère, dont la deuxième est en voie de formation dans le voisinage immédiat du cambium. Le parenchyme cortical est aussi fort peu développé et renferme une zone étroite d'éléments scléreux entremêlés de quelques fibres. Ce parenchyme est dépourvu de latex. Enfin, l'épiderme persiste encore au-dessus du périderme déjà constitué par quelques assises de liège.

B. TIGE ADULTE. — Le secteur de coupe transversale, reproduit en grandeur naturelle dans la figure 1, donne les proportions relatives de l'écorce et du cylindre ligneux à frais, dans l'objet considéré comme exploitable.

1°. Le bois est tendre et homogène. Sa texture ressort de la figure 4, qui en reproduit l'aspect en coupe tangentielle. Les rayons médullaires sont assez hauts, prolongés des deux côtés par un seul rang de cellules, mais souvent élargis sur un ou plusieurs points par la présence de deux ou trois rangs de cellules plus petites. Inutile de faire remarquer qu'on n'y trouve pas de latex, puisqu'il ne s'en produit pas dans l'étui médullaire.

2°. La structure de l'écorce est mise en lumière dans les figures 2 et 3, qui la montrent respectivement en coupe transversale et en coupe radiale, sous un grossissement d'environ 20 fois. C'est en elle que se concentre tout l'intérêt économique de la plante.

Elle est protégée à l'intérieur par une formation subéreuse dans laquelle des couches de liège mou alternent avec des assises de liège dur, qui en préparent la desquamation par petites plaques.

En dessous règne, sur l'épaisseur d'un millimètre, une zone de parenchyme cortical tout parsemé de petites granulations pierreuses, *a*, et limitée du côté interne par un anneau continu de sclérenchyme, *b*, qui est d'origine primaire, car on en voit l'ébauche dans la figure 9. Cette zone est dépourvue de latex.

Ce n'est que plus profondément, dans les productions libériennes, que se développe le système laticifère, dont les assises concentriques, distancées et apparemment indépendantes, se distinguent nettement sur la coupe transversale surtout figure 2. Dans l'objet figuré on en compte onze. On observe aisément qu'elles apparaissent successivement dans les productions cambiales les plus jeunes et qu'elles s'y distancent avec régularité, ménageant entre elles la place pour une dizaine d'assises d'autres éléments libériens. Continues dans les couches profondes du liber, les assises laticifères sont discontinues vers l'extérieur, là où le développement tangentiel du parenchyme interfasciculaire a distancé les sommets des aires cunéiformes du liber. Cette partie s'encombre, du reste, d'îlots de sclérenchyme, *c*, dont la différenciation marche de pair avec l'épaississement de l'écorce et suit comme celle-ci une direction centripète.

Ces granulations dures troublent la régularité originelle des assises laticifères externes. Elles contribuent aussi à rendre difficile l'exécution des coupes minces et elles expliquent la friabilité de l'écorce, quand la dessiccation l'a atteinte ou quand les cryptogames l'ont envahie.

Autant les coupes transversales et radiales sont propres à traduire les grands traits de la distribution du latex dans l'épaisseur du liber, autant elles se prêtent mal à l'étude de la trame laticifère dans chaque assise du système. Les caractères intimes de cette trame ne se traduisent bien que sur des coupes tangentielles, menées parallèlement à une assise et aussi près d'elle que possible, sans toutefois l'entamer.

Tel est le fragment de coupe, grossi 100 fois, de la figure 5.

On observe ici, avec toute l'évidence désirable, que les tubes laticifères rapprochés, anastomosés et confluents forment, à eux seuls, comme un réseau irrégulier, dont le parenchyme des rayons médullaires est seul aussi à occuper les mailles. Il y a donc, à ce niveau, exclusion de tous autres éléments libériens.

Ceux-ci sont cantonnés dans les zones intercalaires. On en verra l'aspect, également en vue tangentielle, dans la figure 6, reproduction d'un fragment de coupe à une plus grande distance du cambium, là où s'accuse déjà la sclérification par places du parenchyme libérien, *sc*.

En comparant les figures 5 et 6, on ne manquera pas de remarquer que, dans l'assise laticifère, le latex prend toute la place qui revient ailleurs en partie aux tubes criblés dont les cribles, *c*, sont longs et latéraux, en partie aussi au parenchyme libérien, *pl*, lequel est affecté soit au dépôt du tanin et de l'oxalate de chaux, *cc*, soit au logement des réserves amylacées.

Dans les couches externes des formations libériennes, l'extension tangentielle, à laquelle les tissus sont assujettis après leur premier établissement, provoque l'étirement progressif des mailles du réseau laticifère, L, et en disloque souvent les trabécules. Il en résulte un plexus irrégulier, très variable d'aspect, comme la figure 7 en fournit un exemple.

C. RACINE. — La trame laticifère de la racine présente, au fond, la même structure que celle de la tige. C'est la même répartition en assises concentriques, avec cette différence seulement que celles-ci y sont plus rapprochées.

On peut s'en rendre compte par l'examen de la figure 11. Celle-ci reproduit, à l'agrandissement de 20 diamètres, un secteur de la figure 10, qui est elle-même une section de racine développée près du collet d'un sujet encore jeune. En dessous du périderme, *per*, l'écorce, E, peu épaisse, ne présente guère que du liber secondaire, *l*, dont les compartiments, triangulaires sur la section, sont mis en évidence par la teinte communiquée au latex qui s'y trouve localisé.

On pourra noter en même temps que le bois, B, tendre comme celui de la tige, est plus abondamment pourvu de parenchyme disposé en couches concentriques larges, qui alternent avec d'autres dans lesquelles l'élément fibreux domine.

Manihot Glaziovii MUELL. ARG.

OBJETS D'ÉTUDE : 1°. Tronc de deux mètres de haut, d'un arbre âgé de six ans et demi et d'un diamètre moyen de 30 centimètres ;
2°. Jeune plant de deux centimètres d'épaisseur à la base.

L'échantillon présente, en dessous du collet, un renflement tubéreux, mou, spongieux, dont la pourriture s'est emparée pendant le transport, au point d'en rendre l'utilisation impossible.

Dans ses grands traits, l'appareil laticifère du *Manihot* est la reproduction de celui de l'*Hevea*. La ressemblance est telle que nous pourrions nous dispenser d'en figurer les éléments d'interprétation, si l'importance économique de l'espèce ne légitimait une répétition sommaire des faits principaux et le signalement de particularités qui peuvent présenter un certain intérêt, au point de vue de l'anatomie de ce précieux caoutchoutier.

La planche VII lui est affectée.

A. TRONC ADULTE. — Les observations faites sur le tronc de six ans et demi d'âge, trouvent leur expression dans les figures 1 à 7 de la planche VII.

La figure 1 [1] reproduit, en grandeur naturelle, l'aspect d'un étroit secteur de la coupe transversale. Elle montre l'épaisseur relative de l'écorce et du bois ; l'aspect granulé de la première et l'aspect zoné du second.

1°. *La moelle.* — Il n'y a pas lieu de s'arrêter à la moelle, puisque celle-ci est dépourvue de tout tissu sécréteur et n'est pas entourée de formations libériennes internes. On peut remarquer toutefois, qu'elle peut prendre un développement considérable dans les pousses vigoureuses et y atteindre la grosseur du doigt, en restant homogène et légère comme la moelle de sureau.

2°. *Le bois.* — Le bois est particulièrement léger et poreux, bien que les vaisseaux soient d'un assez faible calibre. Il doit surtout ces caractères à l'abondance du parenchyme, qui s'y développe sous la forme de couches concentriques assez larges pour lui donner un aspect zoné, visible même à l'œil nu, figure 1.

L'alternance des zones parenchymateuses, *pg,* et des zones fibreuses, *fg,* est rendue très apparente déjà à la faible amplification des figures 2 et 3, qui intéressent une partie du bois périphérique, B, et en présentent la structure en vues transversale et radiale.

Des fragments plus grossis de coupes tangentielles, figures 4 et 5,

_____

(1) Il s'agit de la figure non numérotée qui occupe le bas de la planche, à droite.

montrent la différence du tissu ligneux dans les deux sortes de zones, sous l'aspect qui en traduit le mieux les caractères propres et qui permet l'examen des rayons médullaires. Ceux-ci ressemblent à ceux de l'*Hevea brasiliensis*. Comme eux, ils sont hauts et très minces, mais souvent marqués de renflements locaux de deux rangs de cellules plus étroites.

3°. *L'écorce*. — Sur l'objet étudié, l'écorce, E, figure 1, mesure, à frais, 4 millimètres environ d'épaisseur.

A l'œil nu, elle se montre parsemée, sur la section, de petits noyaux scléreux et limitée par une couche épaisse d'un liège de consistance dure, cornée, coriace, qui manifeste une tendance à s'exfolier, mais difficilement, en lanières circulaires, comme celui du cerisier ou du bouleau.

On sait que cette circonstance est très défavorable à l'exploitation du latex, par le procédé de saignage par incision de l'appareil cortical, et que si l'ablation préalable de cette couche tubéreuse est relativement facile et a été préconisée, la pratique en est gravement dommageable pour la plante.

A l'agrandissement de 20 diamètres, figures 2 et 3, les tissus mous de l'écorce se montrent parsemés de petits massifs sclérenchymateux plus gros et plus abondants dans le parenchyme cortical externe, où ils forment même une couche continue, en *b*, à peu de distance de la couche subéreuse périphérique, plus petits et plus épars dans le liber, où leur différenciation tardive suit une marche centripète, *c*.

Dans ces deux régions d'origine différente, on observe des éléments laticifères et ceux-ci forment, comme dans *Hevea brasiliensis*, des plexus développés en assises concentriques, mais leur trame varie d'aspect suivant la profondeur des assises au sein des tissus corticaux.

Dans les couches de liber jeune, l'aspect en vue tangentielle est celui d'un réseau serré que reproduit la figure 6 grossie cent fois. Les mailles en sont hautes et étroites, occupées seulement par le parenchyme des rayons médullaires qui n'ont guère ici qu'une ou deux épaisseurs de cellules. C'est là que le latex est à la fois le plus abondant et le plus riche en caoutchouc.

Dans les couches libériennes plus anciennes, les mailles sont distendues, inégales, brisées même parfois par le fait du développement intercalaire du parenchyme, conformément à l'exemple reproduit dans la figure 7. Il va d'ailleurs sans dire qu'on observe tous les intermédiaires entre ces deux cas extrêmes dans l'épaisseur du liber.

Dans le parenchyme cortical enfin, la maillure de la trame laticifère est plus simple. Elle résulte de l'anastomose des tubes méandreux qui dessinent des mailles de forme irrégulière et de dimensions variables, dont l'axe transversal grandit avec l'extension tangentielle de l'écorce. Les figures 10 et 11 en donnent deux aspects différents, empruntés aux assises les plus rapprochées des formations péridermiques dans une jeune tige, celle dont la figure 8 donne la coupe transversale en grandeur naturelle et la figure 9 un secteur agrandi vingt fois.

On s'expliquera aisément que le développement ultérieur de l'écorce doit introduire dans cette trame relativement simple d'abord, des perturbations profondes, en obscurcir le caractère primordial et en rendre la recherche plus difficile.

B. TIGE JEUNE. — Les figures 8 et 9 nous ramenant en présence de la tige jeune, il n'est pas inutile d'y jeter un coup d'œil pour en tirer quelques renseignements sur des points qui s'obscurcissent avec l'âge du sujet :

1°. La structure homogène de la moelle M.

2°. La composition des faisceaux ligneux primaires qui sont en petit nombre et qui proéminent légèrement dans la moelle, à la façon de celui qui est compris dans le secteur figuré sous la rubrique B¹.

3°. La texture lâche du bois secondaire, B², et l'aspect zoné qu'il doit à ses épaisses couches concentriques de parenchyme.

4°. La constitution de l'appareil cortical tel qu'il résulte des premières manifestations de l'activité des méristèmes cambial et péridermique.

IV. — URTICACÉES

Les Urticacées que nous avons examinées se rapportent aux genres *Ficus* et *Castilloa*. Des spécimens nous en ont été fournis, sous la forme de troncs comparables, comme grosseur, à ceux des Euphorbiacées dont il s'est agi plus haut et susceptibles comme eux d'être livrés à l'exploitation.

Ils sont étiquetés comme suit :

1°. *Ficus elastica*, Roxb.   11 ans, originaire de Boma.
2°. *Ficus religiosa*, L.   5 ans 1/2, originaire de Kalamu.
3°. *Ficus Vogelii*, Miq.   5 ans 1/2,   »   »
4°. *Castilloa elastica*, Cerv.   sans désignation d'âge ni d'origine.
5°. *Castilloa Tunu*, Cerv.   »   »   »   »

Ces matériaux nous sont arrivés en bon état de conservation.

Malgré la diversité de leurs caractères extérieurs, ces plantes présentent des caractères anatomiques assez concordants pour que les notes relevées chez l'une puissent s'appliquer aux autres avec une très grande approximation.

Castilloa Tunu nous a paru pouvoir servir d'exemple, aussi bien pour les espèces citées de *Ficus* que pour sa congénère *C. elastica*.

Si nous l'avons choisie de préférence aux autres, c'est parce que l'épaisseur modérée de son écorce nous a permis d'en figurer des coupes complètes à la même échelle que les précédentes, sans excéder les dimensions des planches annexées à ce mémoire. La comparaison en sera ainsi facilitée.

Genre Castilloa CERV.

Extérieurement, les troncs que nous tenons de *Castilloa elastica* et de *C. Tunu* sont assez semblables pour être confondus. On les dirait coulés dans le même moule. Ils ont la même teinte blanchâtre, due à des lichens crustacés qui cachent la couleur gris rosé de l'écorce. La partie périphérique de celle-ci se débite de la même façon en écailles cassantes, dès que les tissus mous sous-jacents se sont contractés quelque peu par dessiccation.

Les caractères internes ne sont pas moins ressemblants. Nous les décrirons sommairement dans l'écorce, le bois et la moelle, en renvoyant aux figures de la planche VIII, qui ont été empruntées à *Castilloa Tunu*, mais qui pourraient être attribuées aussi bien à *C. elastica*.

A. LA TIGE.

1. *Écorce.* — L'écorce est de teinte claire sur toute son épaisseur ; en cela elle se distingue de celle des *Ficus* qui est d'un brun plus ou moins foncé.

La figure 1 en montre une section en grandeur naturelle. Elle atteint environ 8 millimètres d'épaisseur sur un tronc d'environ 25 centimètres de diamètre.

On y distingue à l'œil nu :

1°. Une mince couche subéreuse et cassante, *su*. C'est elle qui devient si fragile sur l'organe desséché.

2°. Une zone large de parenchyme cortical légèrement sclérifié par places, *sc*, et prenant de ce chef un aspect plus opaque, qui tranche sur le fond plus transparent du liber. Les franges internes de cette zone plus teintée dans la figure, sont en relation avec les rayons médullaires les plus anciens.

3°. Les formations libériennes secondaires, *l*.

Observons, en passant, que la figure 2 montre une coupe semblable, passant par un sillon, *x*, causé par une saignée déjà ancienne qui n'a pas lésé le cambium et qui a été suivie d'une cicatrisation normale.

Les figures 3 et 4 en reproduisent de faibles agrandissements en vue transversale et en vue radiale. Mises en regard l'une de l'autre, elles s'interprètent mutuellement. On y observe, sous des aspects plus explicites, les trois parties indiquées ci-devant.

1°. Une couche subéreuse, dure, cassante, incapable de se rétrécir quand les tissus mous, sous-jacents, se contractent, comme il arrive quand l'écorce se dessèche. Elle perd alors son adhérence avec l'assise génératrice, elle reste soulevée et s'effrite en plaques irrégulières sous la moindre pression.

Pendant la vie de la plante, les assises extérieures de ce suber doivent s'exfolier successivement sous la forme de squames minces et irrégulières qui entraînent avec elles les végétations lichéniformes qui les recouvrent. C'est aux endroits où s'est produite une desquamation récente qu'apparaît la teinte naturelle gris rosé de l'écorce.

2°. Une zone large de parenchyme cortical, due en partie au méristème subéro-phellodermique. Ce parenchyme est l'objet d'une sclérification légère, qui se traduit à des degrés divers suivant les endroits et manifeste une tendance à gagner les couches plus profondes, en déterminant les franges plus opaques que l'on observe même à l'œil nu. Les cellules sclérifiées prennent l'aspect qu'on leur voit dans la figure 5, où le grossissement est suffisant pour montrer les pores larges qui sauvegardent la facilité des échanges osmotiques dans ce tissu actif. Notons encore qu'à une certaine profondeur, on observe de petits faisceaux isolés de fibres corticales, *fc*, qu'il faut rapporter à la structure primaire de l'organe.

Toute cette zone parenchymateuse est parcourue par des tubes laticifères que les coupes transversales et radiales ne laissent voir qu'en fragments sinueux, mais que les coupes tangentielles permettent de suivre dans leur trajet méandreux, comme le montre la figure 6. Il est à remarquer, en effet, que ces éléments sécréteurs, dépendance originelle des tissus qu'ils sillonnent, restent confinés dans les assises de parenchyme cortical qui leur sont contemporaines et en adoptent conséquemment la disposition concentrique dans l'appareil cortical.

Les produits en paraissent peu riches en caoutchouc.

3°. Le liber comprend une moitié environ de l'épaisseur de l'écorce. Il reste homogène et l'âge n'y introduit d'autres modifications que l'accroissement du calibre des éléments qui le constituent. Parmi ceux-ci figurent de nombreuses fibres libériennes, *fl*, toujours isolées les unes des autres et uniformément réparties au milieu des tissus mous.

C'est encore sur des coupes tangentielles qu'on en saisit le mieux l'allure générale, comme dans la figure 7 grossie cent fois.

Déviées de la ligne droite par la présence des rayons médullaires qui sont tous épais, elles se faufilent entre eux et les enserrent en réalité dans une trame lâche que l'on sait pouvoir être isolée des autres tissus par macération ou par battage et constituer une sorte d'étoffe naturelle. Plusieurs espèces de *Ficus* sont même exploitées, dit-on, par les nègres pour l'obtention de cette étoffe d'écorce, produit peu coûteux assurément, mais peu solide aussi.

Les tubes laticifères, L, suivent une direction analogue à celle des fibres, astreints aux mêmes détours dans leur trajet longitudinal.

On remarquera que les rayons médullaires, *r*, larges de plusieurs rangs de cellules, logent souvent dans leur milieu un ou deux tubes laticifères, LR, que leur direction radiale dénote suffisamment comme étant d'origine interne. On peut les voir, dans les figures 3 et 4, suivant leur trajet radial ; dans la figure 4, on peut observer leur soudure à angle droit avec leurs homologues du liber. Nous les retrouverons dans le bois et l'examen de la moelle nous en laissera voir l'origine.

L'étirement du latex libérien sur la cassure de l'écorce sèche, prouve assez qu'il est de bonne qualité ; ce que l'on sait, du reste, par l'exploitation industrielle de la plante.

II. *Bois.* — Dans toutes les Urticacées, dont il est ici question, le bois est à fibres torses et de faible densité. Il doit en partie ce dernier caractère à l'abondance du parenchyme ligneux, *py*, qui, dans les *Ficus,* forme des zones continues, qui alternent avec des zones de tissus fibreux, *fy*, tandis que dans les *Castilloa* ces zones sont discontinues et entremêlées. Comparez les figures 3 et 4 peu grossies avec les figures 8 et 9 qui, à un grossissement plus fort, reproduisent des coupes tangentielles respectivement dans une partie fibreuse et dans une partie parenchymateuse.

La seule chose qu'il importe, en outre, de signaler, c'est l'épaisseur relative des rayons médullaires et la présence dans certains d'entre eux d'un ou deux tubes laticifères, LR, qui assurent la vidange vers l'écorce du latex périmédullaire.

III. *Moelle.* — La moelle n'est pas complètement homogène. La zone périphérique est délicate et présente un faux aspect de liber interne. Les cellules sont petites et leurs membranes restent minces, exemptes de sclérification, figure 10. C'est entre elles que s'insinuent les tubes laticifères étroits que l'on voit s'engager dans les rayons médullaires, où nous les avons signalés plus haut. Leur part de contribution au latex libérien doit être à peu près négligeable.

La partie centrale de la moelle fait contraste avec cet anneau périphérique. Les cellules en sont beaucoup plus grandes et elles présentent des caractères de sclérification légère, qui les rendent analogues aux éléments du parenchyme cortical. Cette partie centrale est exempte de système laticifère dans les *Castilloa*.

B. La racine.

La racine n'a que peu d'importance dans les caoutchoutiers arborescents, car il n'y a pas lieu d'en tirer directement parti pour la production du caoutchouc.

L'intérêt scientifique nous a porté, néanmoins, à en figurer la constitution dans une coupe transversale empruntée à un organe de faible dimension, provenant d'un jeune plant desséché. C'est la dessiccation qui lui a donné la forme cannelée que révèle la section de la figure 11. Après traitement par l'hypochlorite de potassium, les tissus affaissés reprennent leur position normale, comme on le voit dans le secteur agrandi de la figure 12.

Le bois n'y est remarquable que par sa composition beaucoup plus parenchymateuse encore que dans la tige. On n'y observe pas de latex, puisque la moelle fait défaut dans l'organe.

Quant à la structure de l'écorce, elle rappelle celle de la tige, sous des dimensions moindres, qui tiennent uniquement au jeune âge de l'objet figuré.

Dans le liber, *l*, c'est la même association de fibres libériennes et de tubes laticifères à direction longitudinale. Dans le parenchyme cortical externe, *pe*, ce sont les mêmes tubes méandreux, étirés surtout latéralement, par l'effet de l'accroissement en volume de l'organe. La couche subéreuse est ici plus souple, comme le fait prévoir sa position sous le sol.

Genre Ficus L.

Les *Ficus* reproduisent dans leur appareil laticifère les traits généraux exposés ci-dessus, si l'on ajoute la présence dans le parenchyme médullaire central des tubes laticifères étroits dissimulés entre les éléments beaucoup plus larges de la moelle; mais c'est là un détail dépourvu d'intérêt pratique.

Au fond, c'est le même thème que dans les *Castilloa*, avec des variantes dans les dimensions de l'écorce, la sclérification des tissus, la proportion relative des fibres libériennes, le calibre des éléments histologiques, etc., variantes qui peuvent tenir, en partie d'ailleurs, à l'âge de la plante, le milieu dans lequel elle s'est développée et aussi la situation des parties sur lesquelles se porte l'examen. Il n'y a donc pas lieu de reprendre l'analyse détaillée de l'une ou l'autre des espèces de *Ficus*; ce serait refaire inutilement le chemin déjà parcouru.

A d'autres points de vue, les espèces de *Ficus : elastica, Vogelii* et *religiosa* présentent des différences assez marquées dans l'aspect extérieur de l'écorce, son épaisseur, sa consistance, l'importance relative du liber, etc.; mais elles sont bien connues de ceux qui se sont trouvés aux prises avec les difficultés techniques de l'exploitation des caoutchoutiers.

Il y a bien un point qu'il serait important de déterminer : nous voulons dire la valeur relative du latex de ces espèces. Mais ceci n'est guère du ressort de la microscopie. C'est à l'expérience acquise par la pratique des saignées et l'emploi des méthodes de coagulation du latex qu'il faut s'en référer pour porter un jugement sérieux sur ce point capital.

L'aspect microscopique du coagulum dans les tubes laticifères peut bien être invoqué, mais on ne peut en tirer que des renseignements sujets à caution.

La façon dont il se comporte sur la cassure des tissus desséchés ou traités par le formol nous paraît plus révélatrice de ses qualités et peut être tenue pour un critérium de meilleure valeur.

Appliqué aux trois espèces susdites de *Ficus,* il signale l'espèce *elastica* comme seule pourvue d'un coagulum élastique, capable de s'étirer en filaments extensibles et rétractiles. Chez les deux autres le coagulum est cassant, car il n'apparaît pas sur la fracture de l'écorce.

CONCLUSIONS

Nous ne pouvons terminer ce rapide coup d'œil sur la texture anatomique des principales plantes caoutchoutifères sans en tirer quelques conclusions.

I. Les tubes laticifères ne se forment que dans les tissus mous de la moelle et de l'écorce; ils ne font que traverser le bois, lorsqu'il y a lieu de déverser le latex de la zone périmédullaire dans le liber externe.

II. Le latex médullaire paraît toujours exempt de caoutchouc utilisable.

III. Le latex du parenchyme cortical paraît doué de qualités médiocres.

IV. Le latex n'atteint toute la valeur caoutchoutifère que dans les formations libériennes : soit du liber tant externe qu'interne, là où ce dernier existe. Asclépiadacées et Apocynacées ; soit dans le liber externe seul, si celui-ci n'a pas de représentant dans la zone périmédullaire. Euphorbiacées.

V. La production du tissu laticifère dans le liber externe est comme une fonction de l'activité cambiale.

VI. Les tubes caoutchoutifères sont entremêlés dans les productions cambiales dont ils épousent la direction longitudinale, dans les Asclépiadacées, les Apocynacées et les Urticacées.

VII. Les tubes caoutchoutifères s'anastomosent en formant des plexus concentriques et apparemment indépendants au sein des tissus libériens, dans les Euphorbiacées : *Hevea* et *Manihot*.

VIII. La nature du latex ne peut être déterminée que par l'expérience, quant à son rendement en caoutchouc et à la valeur de celui-ci.

IX. C'est à la pratique aussi que revient la détermination des meilleurs modes d'exploitation.

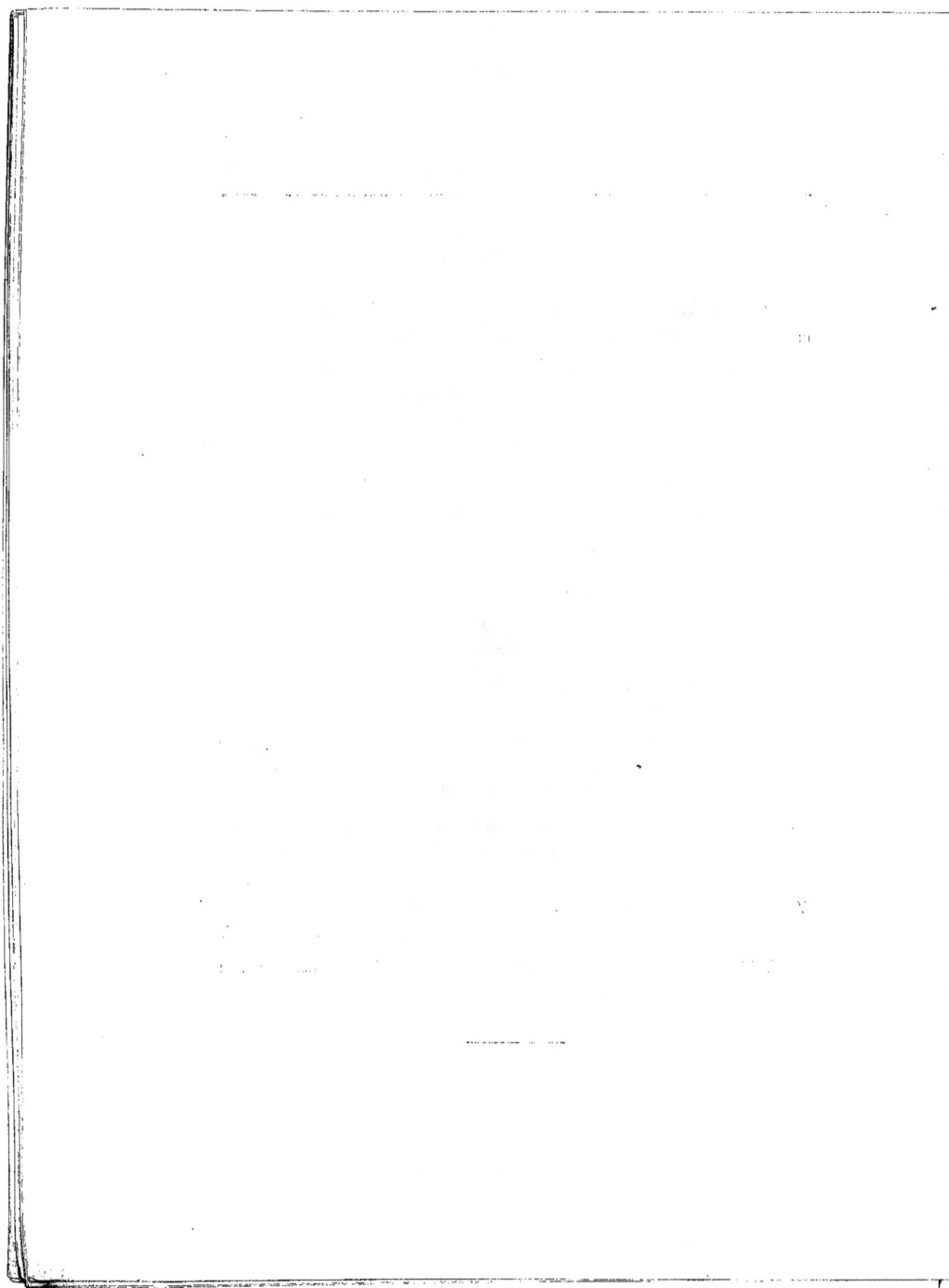

PLANCHE I

PLANCHE

R. F.

PERIPLOCA NIGRESCENS AFZ.

FIGURE 1. — Coupe transversale d'une tige lianiforme ; grandeur naturelle. — M, moelle ; B, bois ; E, écorce ; su, suber.

» 2. — Secteur agrandi $\frac{20}{1}$, de la figure 1. — M, moelle ; Lu, tubes laticifères propres à la moelle ; li, liber interne ou périmédullaire ; B¹, bois primaire ; B², bois secondaire ; E, écorce ; le, liber externe ; pc, parenchyme cortical ; per, périderme ; fc, fibres corticales ; su, suber.

» 3. — Section radiale de l'écorce et du bois adjacent. Gross. 20 diamètres. — B², bois secondaire ; v, vaisseaux ; fg, fibres ligneuses ; pg, parenchyme ligneux ; le, liber externe ; r, parenchyme muriforme des rayons médullaires ; pc, parenchyme cortical ; fc, fibres corticales ; per, périderme ; su, suber.

» 4. — Coupe tangentielle dans le bois secondaire, B². — v, vaisseaux ; pg, parenchyme ligneux ; fg, fibres ligneuses ; r, rayons médullaires ; cc, cellules cristalligènes.

» 5. — Coupe tangentielle dans le liber externe, le. — L, tubes laticifères ; tc, tissu criblé ; pc, parenchyme libérien ; cc, cellules cristalligènes.

» 6. — Fragment de tissu libérien, montrant des cellules laticifères en série linéaire, L.

» 7. — Quelques aspects de cristaux d'oxalate calcique, cc.

» 8. — Coupe transversale d'une tige jeune ; grandeur naturelle. Même légende que figure 1.

» 9. — Coupe transversale de la même, grossie à 20 diamètres. Mêmes désignations que dans la figure 2.

» 10. — Coupe transversale d'une grosse racine ; grandeur naturelle. — B, bois ; E, écorce ; su, suber.

» 11. — Secteur agrandi, $\frac{20}{1}$, de la figure précédente. — B, cylindre ligneux ; E, écorce ; le, liber ; pc, parenchyme cortical ; su, liège péridermique.

» 12. — Coupe transversale d'une racine grêle. — B, bois ; E, écorce ; su, suber.

» 13. — Secteur agrandi, $\frac{20}{1}$, de la coupe précédente. — B, bois ; E, écorce ; le, liber ; pc, parenchyme cortical ; su, suber ; per, périderme.

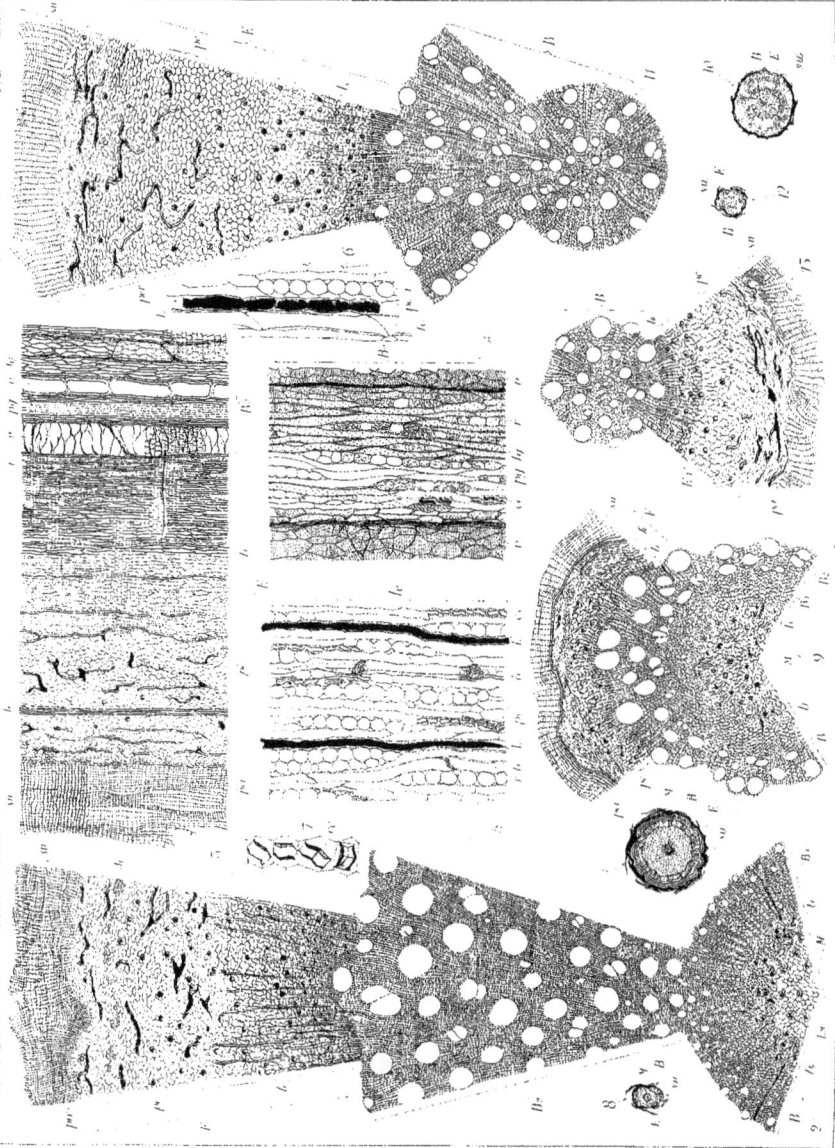

PLANCHE II

CRYPTOSTEGIA MADAGASCARIENSIS BOJ.

FIGURE 1. — Coupe transversale d'une tige, en grandeur naturelle. — M, moelle; B, bois; E, écorce.

» 2. — Coupe transversale, grossie 20 fois, de la partie centrale de la tige. — M, moelle; pm, parenchyme médullaire; Lm, tubes laticifères propres à la moelle; li, liber interne avec latex propre; B¹, bois primaire; B², bois secondaire; Lr, tubes laticifères des rayons médullaires.

» 3. — Coupe diamétrale, intéressant les mêmes tissus que la précédente. Mêmes désignations.

» 4. — Coupe transversale de l'écorce, E, et de la zone limitrophe de bois secondaire, B². — le, liber externe; fc, fibres corticales; per, périderme; su, liège; x, lenticelle; Lr, latex des rayons médullaires. Gross. 20 diamètres.

» 5. — Coupe radiale intéressant les mêmes tissus que la précédente. Même grossissement, mêmes désignations générales; r', gros rayon hébergeant un tube laticifère.

» 6. — Coupe tangentielle dans le bois, à un grossissement de 100 diamètres. — r, rayons médullaires minces; r', rayon médullaire épais.

» 7. — Section tangentielle pratiquée dans le liber externe, au voisinage du cambium. Gross. 100 diamètres. — L, tubes laticifères libériens; Lr, latex d'un rayon médullaire épais. r'; r, rayon mince; tc, tissu criblé; cc, cellules parenchymateuses, cristalligènes.

» 8. — Coupe tangentielle pratiquée dans le liber externe, à plus grande distance de la couche cambiale. Mêmes désignations.

» 9. — Fragment plus grossi des éléments du liber. — tc, tissu criblé; c, plaque criblée, composée; cc, parenchyme cristalligène; r, rayon médullaire mince.

» 10. — Coupe transversale d'une racine, en grandeur naturelle. — B, bois; E, écorce.

» 11. — Secteur de la coupe précédente grossi 20 fois. — B, bois; E, écorce; le, liber; pc, parenchyme cortical; per, formation péridermique.

Pl II

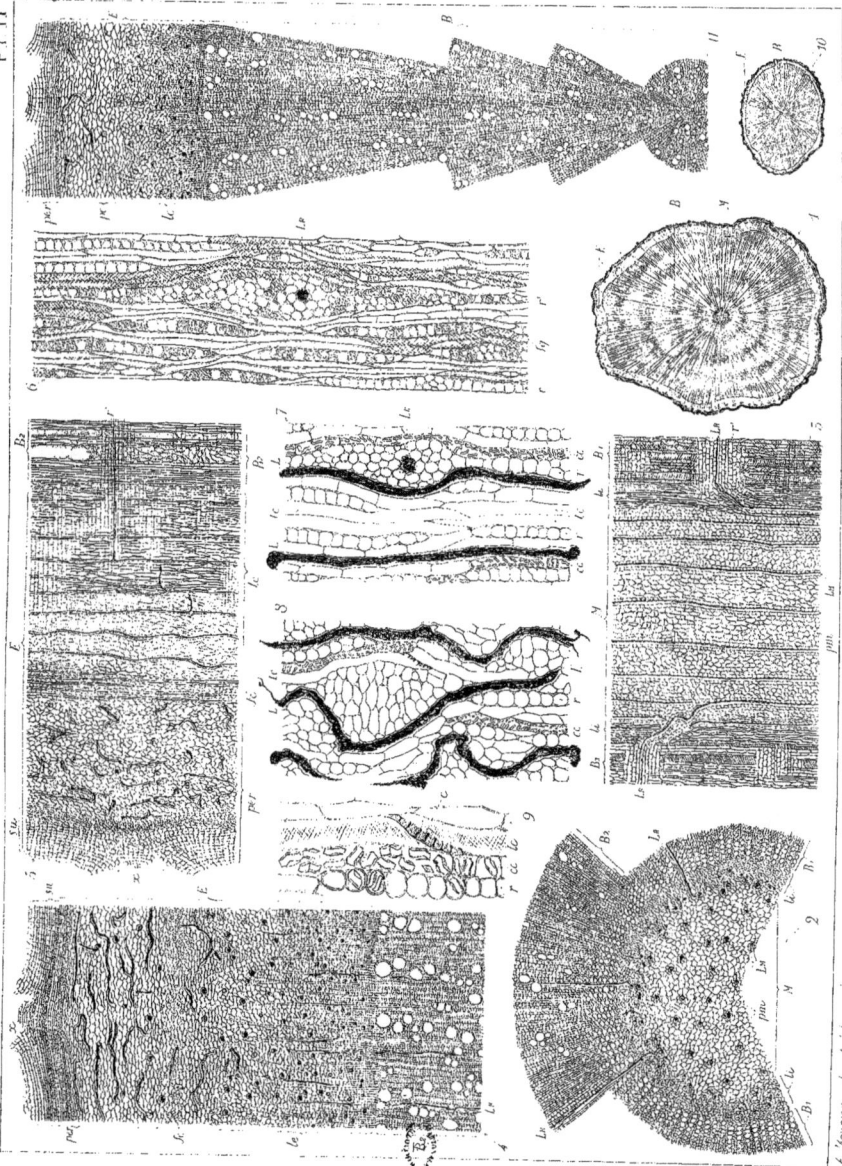

A. Leymeux ad. nat. del. et sculp.

PLANCHE III

PLANCHE III

CLITANDRA ARNOLDIANA D. W.

FIGURE 1. — Coupe transversale du tronçon de liane étudié.

» 2. — Section transversale, grossie 20 fois, de la moelle et des tissus environnants. — sc, cellules scléreuses de la moelle ; LM, latex médullaire ; li, liber interne ; B, bois périmédullaire ; LR, latex des rayons médullaires provenant du liber interne.

» 3. — Section diamétrale intéressant les mêmes tissus que la figure précédente. Même grossissement, mêmes désignations.

» 4. — Coupe transversale de l'écorce, E, et du bois contigu, B², grossie 20 fois. — le, liber externe ; pc, parenchyme cortical ; sc, sclérenchyme ; su, liège péridermique ; LR, tubes laticifères des rayons médullaires.

» 5. — Coupe radiale dans le même objet que celui de la figure précédente. Même légende.

» 6. — Coupe tangentielle du bois, grossie 20 fois. — r, vaisseaux ; fg, fibres ligneuses ; r, rayons minces ; r', rayons épais parcourus par des tubes laticifères.

» 7. — Portion plus agrandie — 100 diamètres — de la précédente. Même légende.

» 8. — Coupe pratiquée tangentiellement dans le liber jeune et grossie 100 fois. — L, latex libérien ; LM, latex d'un rayon médullaire ; tc, tissu criblé ; pl, parenchyme libérien ; cc, cellules cristalligènes.

» 9. — Lambeau plus grossi des mêmes éléments histologiques.

» 10. — Coupe tangentielle réalisée dans le parenchyme cortical, là où les tubes laticifères, L, ont des trajets méandriques.

Pl. III.

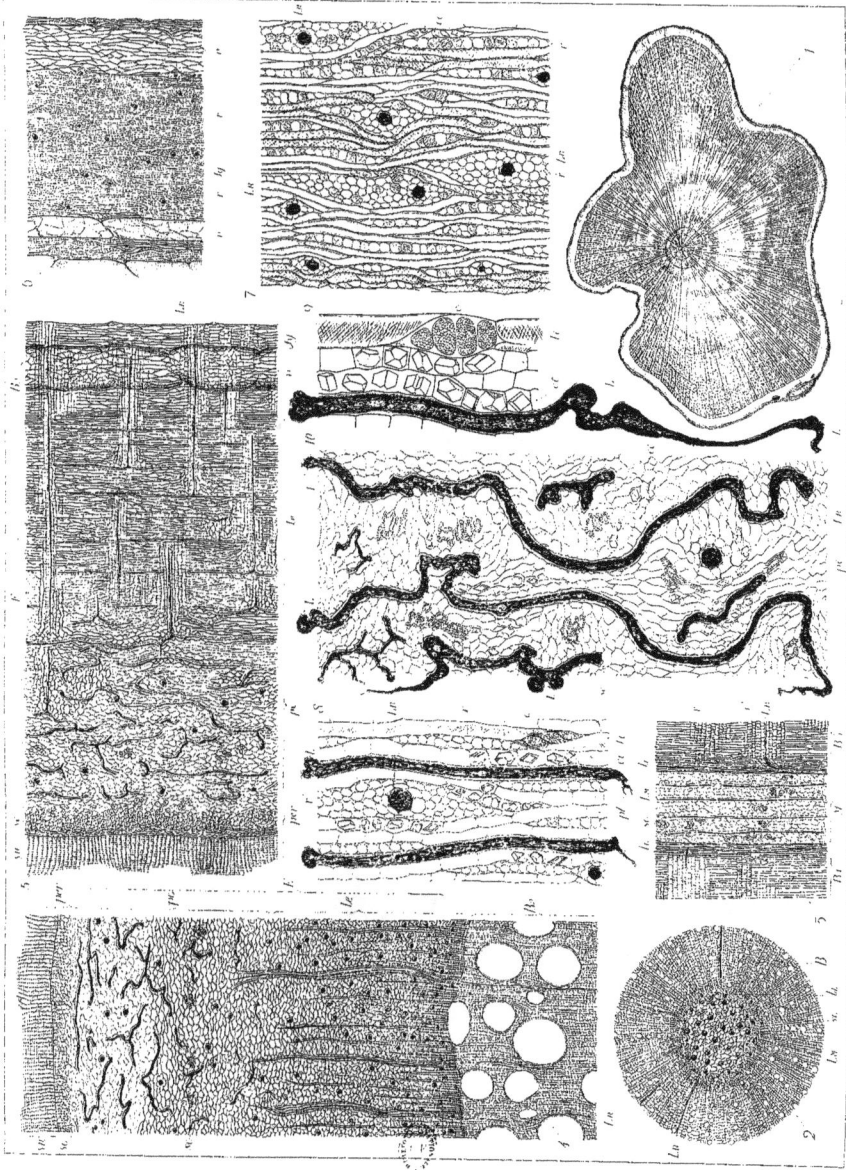

A. Heuser, edit 1870, Lith r. Salpêtre.

PLANCHE IV

PLANCHE IV

R.

LANDOLPHIA OWARIENSIS P. B.

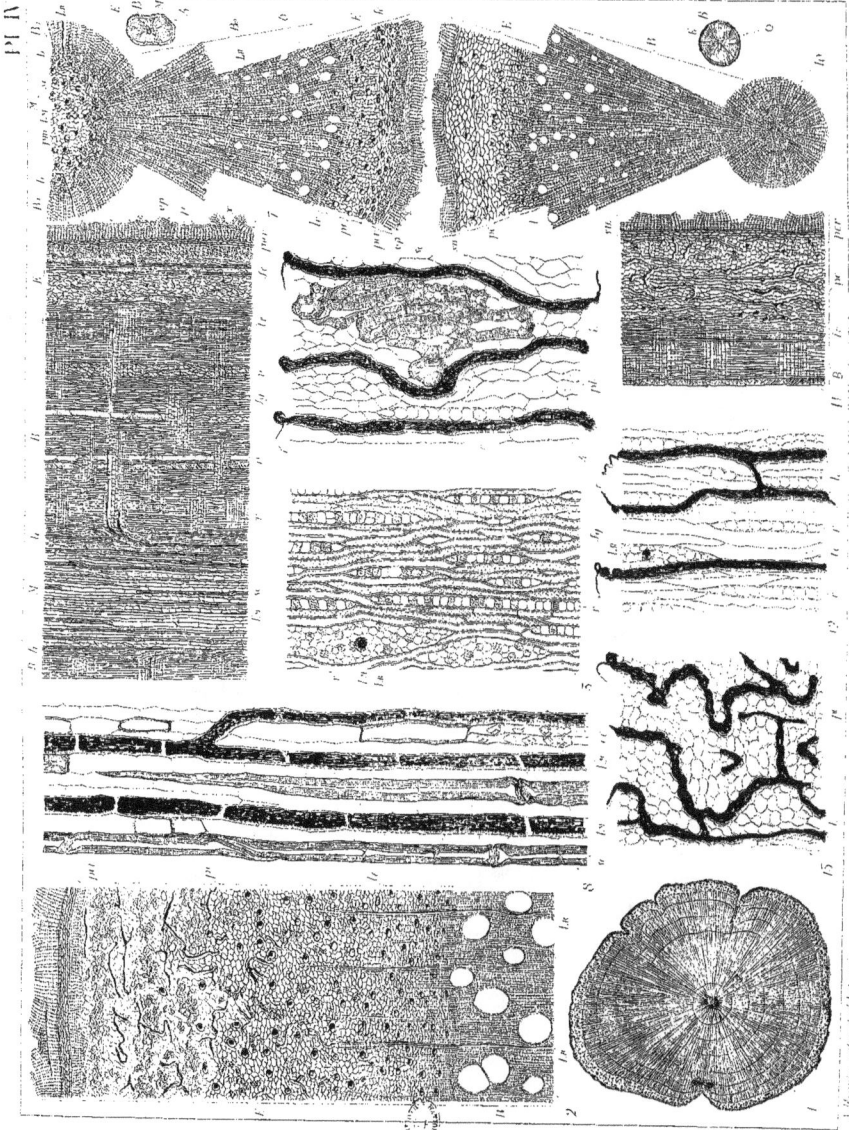

Pl. IV

PLANCHE V

LANDOLPHIA GENTILII D. W.

FIGURE 1. — Coupe transversale d'une liane. Grandeur naturelle.

» 2. — Coupe transversale pratiquée dans l'écorce; grossissement $\frac{20}{1}$. — B², bois jeune ; E, écorce ; le, liber externe ; sc, noyaux de sclérenchyme ; pc, parenchyme cortical ; per, formations péridermiques.

FUNTUMIA ELASTICA STAPF.

FIGURE 3. — Coupe transversale d'une tige jeune, en grandeur naturelle. — M, moelle ; B, bois ; E, écorce.

» 4. — Secteur, grossi 20 fois, de la coupe précédente. — M, moelle ; pm, parenchyme médullaire ; LM, latex médullaire ; li, liber interne ou périmédullaire ; B¹, bois primaire ; B², bois secondaire ; E, écorce ; l, liber externe ; sc, sclérenchyme ; fc, fibres corticales ; su, liège ; ep, épiderme.

» 5. — Section pratiquée diamétralement dans le même objet. Même légende.

» 6. — Secteur d'une coupe transversale pratiquée vers le bas du tronc d'un jeune arbre, et montrant l'épaisseur relative du bois, B, et de l'écorce, E.

» 7. — Coupe transversale, grossie 20 fois, de l'écorce et du bois contigu. — B², bois ; E, écorce ; le, liber externe ; sc, sclérenchyme abondant ; pc, parenchyme cortical ; fc, fibres corticales primaires ; per, périderme sous-épidermique.

» 8. — Aspect des tissus ligneux en section tangentielle. Gross. $\frac{100}{1}$. — fg, fibres ligneuses ; pg, parenchyme ligneux ; r, rayons médullaires rarement sillonnés par des tubes laticifères, LR.

» 9. — Coupe tangentielle des tissus libériens. Gross. $\frac{100}{1}$. — L, latex libérien ; sc, sclérenchyme ; r, rayons médullaires ; cc, cristaux d'oxalate calcique.

» 10. — Coupe transversale d'une racine, provenant d'un jeune plant originaire du jardin colonial de Laeken.

» 11. — Secteur, agrandi 20 fois, de la même racine. — B, cylindre ligneux ; E, écorce ; l, liber ; pc, parenchyme cortical ; su, suber périphérique.

Pl. V

PLANCHE VI

PLANCHE VI

R.T.

HEVEA BRASILIENSIS MUELL.

FIGURE 1. — Secteur d'une coupe transversale d'un tronc d'*Hevea* de 6 ans 1/2, montrant l'épaisseur relative de l'écorce, E, et du bois, B. Provenance : Kalamu (Bas-Congo).

» 2. — Section transversale, grossie 20 fois, de l'écorce et de la zone la plus jeune du bois. — B², bois secondaire le plus jeune ; E, écorce ; *l*, liber cortical ; *pc*, parenchyme cortical ; *a*, *b*, *c*, formations scléreuses diverses ; *su*, suber.

» 3. — Section radiale du même objet. Même grossissement. Même légende.

» 4. — Section tangentielle du bois. — *pg*, parenchyme ligneux ; *fg*, fibres ligneuses ; *r*, rayons médullaires d'une seule sorte et dépourvus de productions laticifères. Gross. $\frac{100}{1}$.

» 5. — Coupe tangentielle, pratiquée dans le liber, au niveau d'un plexus de tubes laticifères anastomosés. — L, latex ; *r*, rayons médullaires. Gross. $\frac{100}{1}$.

» 6. — Coupe pratiquée tangentiellement dans une zone du liber exempte de formation laticifère. — *c*, plaques criblées latérales ; *pl*, parenchyme libérien mou ; *sc*, sclérenchyme ; *cc*, cellules cristalligènes ; *r*, rayons.

» 7. — Coupe pratiquée tangentiellement dans le parenchyme cortical externe. — *l*, latex dans des tubes étirés qui forment un plexus à mailles très inégales et irrégulières ; *pc*, parenchyme cortical mou ; *sc*, sclérenchyme abondant.

» 8. — Coupe transversale, à un mètre de la base, d'un jeune plant originaire d'Eala (?). Grandeur naturelle. — M, moelle ; B, bois ; E, écorce.

» 9. — Agrandissement, à 20 diamètres, d'un secteur de la figure précédente. — M, moelle ; B¹, bois primaire ; B², bois secondaire ; E, écorce ; *l*, liber ; *fc*, fibres corticales ; *su*, suber péridermique ; *ep*, épiderme.

» 10. — Coupe transversale d'une racine adhérente au pied du même plant. — B, bois ; E, écorce. Grandeur naturelle.

» 11. — Agrandissement, à 20 diamètres, d'un secteur de la coupe précédente. — B, bois ; E, écorce ; *l*, liber avec plusieurs zones de plexus laticifères ; *per*, formations péridermiques.

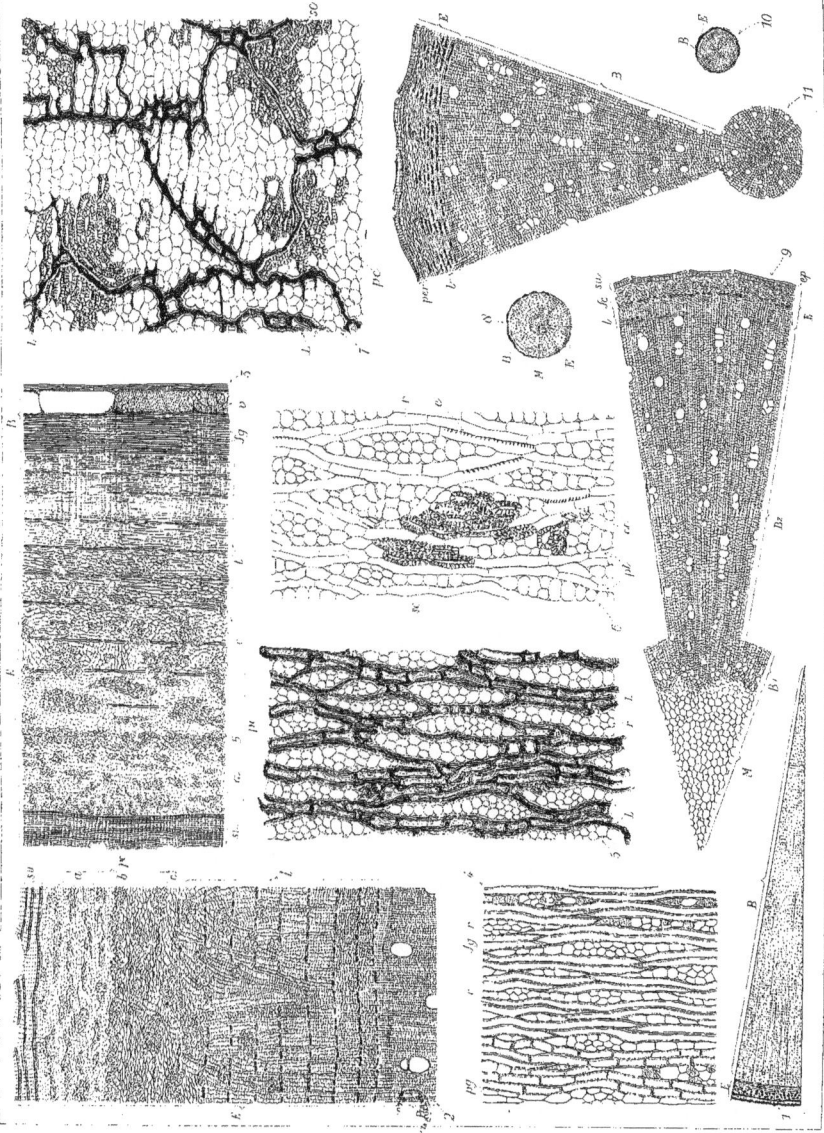

Pl VI

Lith. H. Toffoots. Louvain.

A. Meunier ad. nat. del. et lith.

PLANCHE VII

PLANCHE VI

MANIHOT GLAZIOVII M. A.

Figure 1. — Secteur d'une coupe transversale, pratiquée à mi-hauteur, d'un tronc de *Manihot Glaziovii*, cultivé à Kalamu (Bas-Congo) et âgé de 6 ans 1/2. — B, bois ; E, écorce. Grandeur naturelle. Au bas de la planche, à droite.

» 2. — Coupe transversale de l'écorce et du bois jeune adjacent. — B², bois secondaire jeune ; *pg*, zone de parenchyme ligneux ; *fg*, zone de fibres ligneuses ; E, formations corticales ; *l*, liber, avec de nombreuses couches de tubes laticifères anastomosés en réseau irrégulier ; *pc*, parenchyme cortical avec diverses formations sclérenchymateuses a, b et c ; *su*, couche épaisse de liège péridermique. Gross. $\frac{80}{1}$.

» 3. — Coupe radiale du même objet. Même grossissement. Même légende.

» 4. — Coupe tangentielle du bois, pratiquée dans une zone fibreuse. Gross. $\frac{100}{1}$. — *fg*, fibres ligneuses ; *r*, rayons médullaires.

» 5. — Coupe tangentielle du bois, pratiquée dans une zone parenchymateuse. Même grossissement. — *v*, vaisseau ; *pg*, parenchyme ligneux ; *r*, rayons médullaires.

» 6. — Coupe pratiquée tangentiellement dans le liber, au niveau d'un plexus de tubes laticifères. — L, latex en tubes anastomosés latéralement ; *r*, parenchyme muriforme des rayons médullaires. Gross. $\frac{100}{1}$.

» 7. — Coupe pratiquée tangentiellement à la limite externe du liber. — *pc*, parenchyme cortical mou ; *sc*, parenchyme sclérifié ; *cc*, cellules cristalligènes ; L, tubes laticifères étirés et anastomosés.

» 8. — Section transversale, à un mètre de hauteur, d'une tige jeune de *Manihot* originaire du Congo. — M, moelle ; B, bois ; E, écorce.

» 9. — Secteur agrandi, $\frac{20}{1}$, de la coupe précédente. — M, moelle ; B¹, bois primaire ; B², bois secondaire ; E, écorce ; *l*, liber avec quelques zones de plexus laticifères ; *fc*, fibres corticales ; *su*, liège péridermique.

» 10 et 11. — Deux aspects du plexus laticifère dans la région du parenchyme cortical externe, *pc*. Gross. $\frac{80}{1}$. Coupes tangentielles pratiquées dans l'écorce jeune.

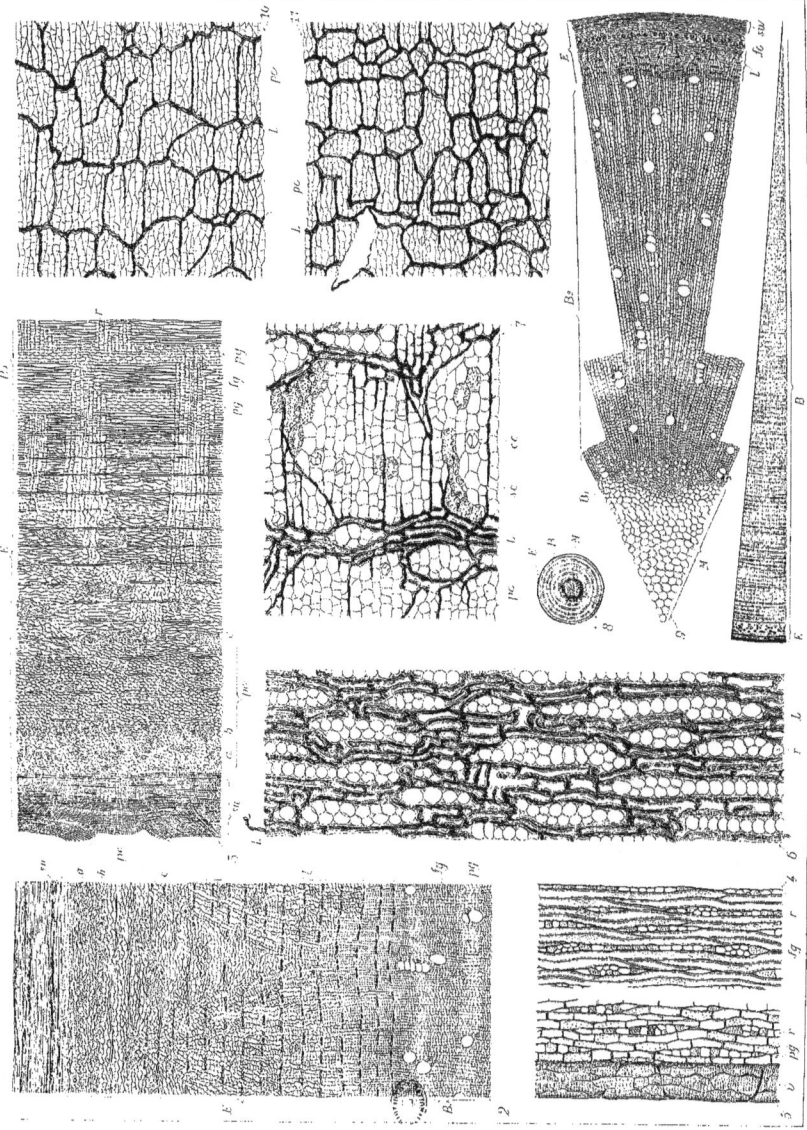

Pl VII

Imp. E. Dulemare, à Coulomme.

A. Vincent, de, pel. del. et sculp.

PLANCHE VIII

PLANCHE VIII

R. F.

CASTILLOA TUNU

FIGURE 1. — Coupe transversale d'un fragment de l'écorce, E, adhérente à la zone périphérique du bois, B. — *l*, liber; *sc*, parenchyme cortical plus ou moins sclérifié; *su*, liège péridermique, grandeur naturelle, sur un tronc de 25 centimètres de diamètre.

» 2. — Coupe analogue passant par un endroit, *x*, atteint par une incision de saignée déjà cicatrisée.

» 3. — Section transversale de l'écorce et du bois contigu. Gross. $\frac{20}{1}$. — B^2, bois jeune avoisinant le cambium; *pg*, parenchyme ligneux dominant à certains endroits; *fg*, fibres ligneuses plus abondantes à d'autres endroits; E, formations corticales; *l*, liber développé sur une grande épaisseur; L, tubes laticifères propres au liber; *fl*, fibres libériennes disséminées dans toute l'épaisseur du liber; *pc*, parenchyme cortical faiblement sclérifié; *fc*, petits faisceaux de fibres corticales; *su*, couche périphérique de liège dur et cassant.

» 4. — Section radiale du même objet. Mêmes tissus mis en regard sous la même légende.

» 5. — Aspect de quelques cellules plus grossies du parenchyme cortical.

» 6. — Coupe pratiquée tangentiellement dans la couche périphérique du parenchyme cortical. Les tubes laticifères y sont étirés et diversement anastomosés.

» 7. — Section pratiquée tangentiellement dans le liber. Gross. $\frac{100}{1}$. — L, tubes laticifères non anastomosés; *fl*, fibres libériennes isolées; *r*, rayons médullaires souvent pourvus d'un tube laticifère, LR.

» 8. — Aspect d'une coupe tangentielle du bois, passant par une zone fibreuse. — *fg*, fibres ligneuses; *r*, rayons médullaires avec latex, LR.

» 9. — Aspect d'une coupe tangentielle du bois, passant par une plage parenchymateuse. — *pg*, parenchyme ligneux; LR, tube laticifère des rayons.

» 10. — Secteur d'une coupe transversale pratiquée dans le centre d'une jeune tige. — M, moelle; B^1, bois primaire; B^2, bois secondaire; LR, tube laticifère engagé dans un rayon médullaire et issu de la région périmédullaire.

» 11. — Coupe transversale d'une jeune racine. Grandeur naturelle. — B, bois; E, écorce.

» 12. — Secteur, agrandi 20 fois, de la coupe précédente. — B^2, cylindre ligneux; E, écorce; *l*, liber; *per*, périderme; *su*, liège.

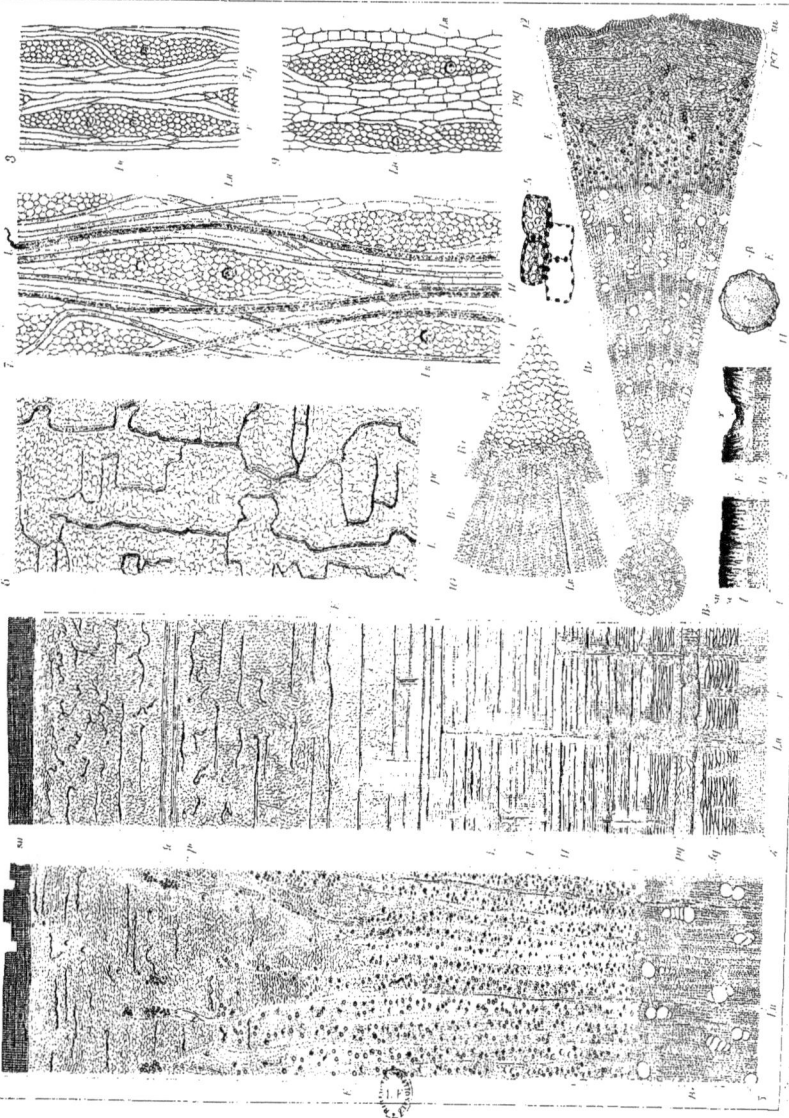

Imp. Lemercier, Paris.

TABLE DES MATIÈRES

DES PRESSES DE
L'IMPRIMERIE INDUSTRIELLE ET FINANCIÈRE
4, RUE DE BERLAIMONT, 4
BRUXELLES
—
1912

www.ingramcontent.com/pod-product-compliance
Lightning Source LLC
Chambersburg PA
CBHW050616210326
41521CB00008B/1276

* 9 7 8 2 0 1 4 4 7 0 5 6 7 *